本书得到上海市浦江人才计划(项目编号:21PJC03 项目(项目编号:52205264)的资助

# 复杂信息界面全局感知机制与实验研究

郭 琪 著

东南大学出版社
SOUTHEAST UNIVERSITY PRESS

·南京·

# 内 容 简 介

在信息量复杂的可视化界面,即复杂信息界面中,若要提取复杂信息的层级结构和关联属性,视觉系统需要能够同时整合多种元信息。全局编码作为有效提取信息聚合属性的视觉统计手段,能提供全局感知的可行算法。而且在目前信息显示维度和数据维度日趋复杂的时代背景下,视觉特征重叠的全局编码感知正确率和精度是用户做出最优决策的重要基础。因此,本书基于全局感知展开,以量化任务驱动的全局编码感知差异为研究目的,以认知心理学和设计学的相关研究方法为技术手段,提出全局感知差异的数学拟合模型,进而总结出不同任务驱动的全局编码感知规律,最后系统阐述了基于不同全局任务的复杂信息界面优化设计与评价方法。

本书旨在通过量化用户对复杂信息界面的全局感知,找出用户的全局感知规律,以此来设计复杂信息界面,可以缓解可视化界面中信息量过大造成的任务决策偏差,紧跟时代需要;另外,本书中所提出的复杂信息界面优化设计与评价方法具有很强的实践指导意义,适合视觉科学、设计学和认知心理学等相关专业学生和从业人员阅读。

## 图书在版编目(CIP)数据

复杂信息界面全局感知机制与实验研究 / 郭琪著.
—南京:东南大学出版社,2023.1
ISBN 978-7-5641-9986-9

Ⅰ.①复⋯ Ⅱ.①郭⋯ Ⅲ.①人机界面—程序设计
Ⅳ.①TP311.1

中国版本图书馆 CIP 数据核字(2021)第 274396 号

责任编辑:姜晓乐 责任校对:韩小亮 封面设计:王玥 责任印制:周荣虎

**复杂信息界面全局感知机制与实验研究**

Fuza Xinxi Jiemian Quanju Ganzhi Jizhi yu Shiyan Yanjiu

著　者:郭　琪
出版发行:东南大学出版社
社　址:南京四牌楼 2 号　邮编:210096　电话:025-83793330
网　址:http://www.seupress.com
经　销:全国各地新华书店
印　刷:江苏凤凰数码印务有限公司
开　本:787mm×1 092mm　1/16
印　张:10.75
字　数:255 千字
版　次:2023 年 1 月第 1 版
印　次:2023 年 1 月第 1 次印刷
书　号:ISBN 978-7-5641-9986-9
定　价:52.00 元

本社图书若有印装质量问题,请直接与营销部调换。电话(传真):025-83791830

# 前　言

随着大数据时代的到来,虚拟现实技术、信息技术和计算机网络技术等迅速发展,使以数量庞大、种类众多、时效性与抽象性强为特征的非结构化信息不断涌现。因此,对海量数据信息进行分析、归纳,并从中发现隐藏的规律和模式,已经成为当今的一大研究热点。随着高质量的硬件系统以及软件程序的开发应用,信息已逐步从大型计算机上的批量化处理转向个人工作站上的实时交互,而复杂信息界面作为信息环境中实时交互的界面,是人类有效地探索、分析和传递信息的重要途径。近几年,随着信息化程度的提高,军用装备等复杂系统的复杂信息界面也已经从传统的模式控制发展到数字化控制的视觉信息界面。操作人员的角色也从操作者转变成了监控者和决策者,而空间分布的界面信息无疑加大了操作者视觉感知的难度。在这样一种新技术环境下,人作为信息化装备性能发挥最为重要的要素,对其在复杂信息中的作用和特性一直缺乏深入的研究,成为制约复杂信息性能充分发挥的瓶颈。犹如"形式遵循功能"的美学思维一样,感知科学下的视觉思维可以告知哪种信息显示模式最易被感知,从而架构以用户感知机制为基础的界面分析系统和设计评价体系。因此研究人类视觉系统信息感知规律,将其作用于信息界面的设计优化中,能够提高用户对信息的决策能力。对视觉系统感知规律的研究已成为解决航海、航天、航空等重大战略工程信息系统界面设计和评价的科学问题。

本书以复杂信息界面为研究背景,从人类视觉系统相对稳定的感知结构出发,从视觉感知视角对复杂信息界面全局感知差异进行量化研究。本书提出从视觉处理信息容量限制的关键机制——全局编码的角度,对复杂信息界面的全局编码感知规律进行研究,为丰富复杂信息界面的设计与评价理论做出了贡献。通过采用视觉科学中的心理物理学实验方法,结合设计学中的界面交互模型、工作流任务模型、图形图像理论以及信息科学中的信息提取策略等,引入差异阈值的概念对全局感知差异进行量化研究,探究了不同任务驱动的全局编码感知差异的拟合关系,进而总结出针对界面设计的全局编码决策集,为复杂信息界面的设计与评价提供了更系统和全面的科学基础。本书中所阐述的相关方法和理论应用广泛,具有很高的实用价值。

本书汇总了笔者在界面感知量化机制研究方面的一些成果,能够顺利出版得益于很多学者提供的诸多帮助。在此首先感谢东南大学机械工程学院的薛澄岐教授,他对本书的研究框架提出了很多富有建设性的建议;其次感谢西北工业大学机电学院的于明久教授,她对本书中感知行为的实验方法提出了改进建议;另外感谢江南大学沈张帆副教授,东南大学牛亚峰副教授、周小舟和林赟老师,英属哥伦比亚大学的 Madison A. Elliott、Caitlin Coyiuto 和 Ellen SooYoung Kim,他们对本书的成稿给予了很大的帮助。同时,视觉科学和设计科学的相关理论及模型,成熟的心理物理学实验方法,为本书中相关实验研究提供了基础。

著者

2021 年 10 月

# 目　录

第一章　绪论 ……………………………………………………………… 1

　1.1　研究背景及意义 ……………………………………………………… 1

　1.2　国内外研究现状 ……………………………………………………… 3

　1.3　研究内容 ……………………………………………………………… 7

　1.4　本书结构及撰写安排 ………………………………………………… 9

　本章小结 …………………………………………………………………… 11

第二章　复杂信息界面编码理论 ……………………………………… 12

　2.1　复杂信息界面系统概述 ……………………………………………… 12

　　2.1.1　复杂信息界面研究内容 ………………………………………… 12

　　2.1.2　信息论概述 ……………………………………………………… 13

　　2.1.3　基于信息论的信息处理模型 …………………………………… 13

　2.2　视觉信息处理阶段 …………………………………………………… 15

　　2.2.1　视觉信息编码表征阶段 ………………………………………… 15

　　2.2.2　视觉信息感知解码阶段 ………………………………………… 21

　　2.2.3　视觉信息分析阶段 ……………………………………………… 23

　2.3　全局编码的产生机制 ………………………………………………… 24

　　2.3.1　全局编码的概念提出 …………………………………………… 24

　　2.3.2　全局编码的感知基础 …………………………………………… 24

　　2.3.3　全局感知理论与层级分类 ……………………………………… 25

　2.4　全局编码感知差异的形成因素及量化方法 ………………………… 26

　　2.4.1　信息提取的物理层面约束 ……………………………………… 26

　　2.4.2　信息提取的视觉层面约束 ……………………………………… 26

　　2.4.3　信息提取的感知层面约束 ……………………………………… 27

　　2.4.4　全局编码的感知差异量化理论 ………………………………… 27

　　2.4.5　全局编码的感知差异量化方法 ………………………………… 30

　本章小结 …………………………………………………………………… 32

**第三章　感知驱动的界面全局任务分类** ································· 33

　3.1　界面任务概述 ························································· 33

　3.2　信息界面任务执行的相关理论 ···································· 34

　　　3.2.1　界面任务执行的目的 ······································· 35

　　　3.2.2　界面任务执行的方法 ······································· 36

　3.3　感知驱动的界面全局任务分类 ···································· 37

　　　3.3.1　以用户行为为中心的界面任务分类 ·················· 37

　　　3.3.2　以信息结构为中心的界面任务分类 ·················· 38

　　　3.3.3　全局任务分类 ················································ 39

　3.4　全局任务的设计维度 ················································ 41

　3.5　视觉特征在全局任务中的应用 ···································· 42

　本章小结 ··································································· 44


**第四章　识别任务驱动的全局感知差异量化研究** ················· 45

　4.1　概述 ··································································· 45

　4.2　时间压力相关理论 ················································· 46

　　　4.2.1　时间压力在感知阶段的影响 ···························· 46

　　　4.2.2　感知时间压力模型 ········································· 46

　　　4.2.3　时间压力测量方法 ········································· 47

　4.3　感知差异阈值测量实验——绝对值识别 ······················ 48

　　　4.3.1　实验被试 ···················································· 49

　　　4.3.2　实验设备与显示 ············································ 50

　　　4.3.3　实验程序 ···················································· 50

　　　4.3.4　实验结果与分析 ············································ 51

　4.4　识别任务的编码感知差异量化实验——相对值识别 ········· 54

　　　4.4.1　实验被试 ···················································· 55

　　　4.4.2　实验材料 ···················································· 55

　　　4.4.3　实验设备与显示 ············································ 58

　　　4.4.4　实验程序 ···················································· 58

　　　4.4.5　实验结果与分析 ············································ 59

　　　4.4.6　实验结论 ···················································· 64

　本章小结 ··································································· 65

**第五章　模式判断任务驱动的全局感知差异量化研究** ························· 66

　5.1　概述 ························································································· 66

　5.2　信息相关性的理论基础 ······························································· 67

　　　5.2.1　互信息与信息相关性的差异 ················································ 67

　　　5.2.2　信息相关性的度量方法 ······················································ 68

　　　5.2.3　信息相关性的感知量化方法 ················································ 69

　5.3　表征信息变量相关性的视觉形式 ··················································· 70

　5.4　信息相关性判断的感知差异量化实验 ············································· 71

　　　5.4.1　颜色编码对相关性判断的感知影响实验 ································· 72

　　　5.4.2　冗余编码对相关性判断的感知影响实验 ································· 79

　　　5.4.3　空间维度对相关性判断的感知影响实验 ································· 82

　本章小结 ························································································· 86

**第六章　量级总结任务驱动的全局感知差异量化研究** ························· 87

　6.1　概述 ························································································· 87

　6.2　量级总结任务的感知理论基础 ······················································ 88

　　　6.2.1　信息整合理论 ·································································· 88

　　　6.2.2　视觉引导搜索机制 ···························································· 89

　6.3　影响量级总结任务的视觉因素 ······················································ 90

　　　6.3.1　视觉拥挤的影响 ······························································ 90

　　　6.3.2　信息冗余与错觉结合的影响 ················································ 91

　　　6.3.3　视觉分层结构的影响 ························································· 92

　6.4　量级总结任务的编码感知差异量化实验 ·········································· 93

　　　6.4.1　视觉敏感度排序实验 ························································· 93

　　　6.4.2　信息编码对量级比较任务的感知影响实验 ····························· 98

　　　6.4.3　颜色编码对量级评估任务的感知影响实验 ··························· 103

　本章小结 ······················································································ 107

**第七章　全局编码决策集构建及界面设计与评价** ······························ 108

　7.1　概述 ······················································································ 108

　7.2　信息界面全局编码决策集构建 ···················································· 108

　7.3　复杂信息界面设计与评价 ·························································· 110

　　　7.3.1　界面设计实例 ································································ 110

7.3.2　复杂信息界面综合评价系统构建 ················· 113

　本章小结 ············································· 120

第八章　总结及展望 ····································· 121

8.1　总结 ············································· 121

8.2　后续研究开展 ····································· 122

8.3　信息可视化相关发展与技术 ························· 123

　8.3.1　信息可视化相关发展趋势 ····················· 123

　8.3.2　相关技术 ····································· 123

附录 ··················································· 125

1. 实验 JS ············································· 125

　(1) 实验刺激拉丁方显示 JS ························· 125

　(2) 量级评估实验基础 JS ··························· 126

　(3) 相关性评估实验基础 JS ························· 131

　(4) 尺寸评估实验基础 JS ··························· 140

2. 界面评价系统页面设置 ······························· 149

参考文献 ··············································· 151

# 第一章　绪　　论

## 1.1　研究背景及意义

随着大数据时代的到来,虚拟现实技术、信息技术和计算机网络技术等迅速发展,使以数量庞大、种类众多、时效性与抽象性强为特征的非结构化信息不断涌现。因此,对海量数据信息进行分析、归纳,并从中发现隐藏的规律和模式,已经成为当今的一大研究热点。随着高质量的硬件系统以及软件程序的开发应用,信息已逐步从大型计算机上的批量化处理转向个人工作站上的实时交互,而复杂信息界面作为信息环境中实时交互的界面,是人类有效地探索、分析和传递信息的重要途径。近几年,随着信息化程度的提高,军用装备等复杂系统的复杂信息界面也已经从传统的模式控制发展到数字化控制的视觉信息界面。操作人员的角色也从操作者转变成了监控者和决策者,而空间分布的界面信息无疑加大了操作者视觉感知的难度(如图1-1所示)。在这样一种新技术环境下,人作为信息化装备性能发挥最为重要的要素,对其在复杂信息中的作用和特性一直缺乏深入的研究,成为制约复杂信息性能充分发挥的瓶颈。犹如"形式遵循功能"的美学思维一样,感知科学下的视觉思维可以告知哪种信息显示模式最易被感知,从而架构以用户感知机制为基础的界面分析系统和设计评价体系[1]。因此研究人类视觉系统信息感知规律,将其作用于信息界面的设计优化中,能够提高用户对信息的决策能力。对视觉系统感知规律的研究已成为解决航天、航海、航空等重大战略工程信息系统界面设计和评价的科学问题。

（a）飞机驾驶舱主控界面　　　　（b）航天器驾驶舱主控界面　　　　（c）潜艇驾驶舱主控界面

**图1-1　航空、航天、航海驾驶舱主控界面**

用户感知信息主要是通过视觉系统对视觉信息的处理实现的,人类视觉系统的高级功能是对动态和静态信息的感知,以及对复杂信息界面中搜索目标与干扰目标的分离与整合,而这些高级功能实现的基础便是视觉系统对信息编码的处理能力。由于信息的复杂性,如果需要表征信息的层级结构和关联属性,就要通过多个视觉特征同时呈现多维信息,那么界面中就会存在大量的冗余信息,而且界面中大多数信息具有相当均匀的特性,许多信息元素和表征对象在邻近区域内会被直接复制,例如系统导航界面中的各个子导航栏,以及某信息分类下的一类相似信息等。提取或传递目标信息的前提是能够同时整合(非求和)多种元信息,因为在搜索目标时,不可能通过每个固定的目标信息直接建立跨越视线的复合感知图像,所以仅对信息的单一特征编码已不能实现目标信息的有效凸显。Ariely 等[2]学者提出,当存在类似对象的集合时,视觉系统会表征全局统计特性,包括极大值、极小值、平均值等一阶全局统计信息,也包括方差和峰态等高阶全局统计信息。全局编码作为视觉系统获取复杂信息界面中有价值信息的方式,用于提取信息的聚合属性,它可以以多种形式增强视觉感知,提供驱动总体感知的可行算法,成为应对视觉处理信息容量限制的关键机制。因此,可通过探索信息操作任务与全局编码的感知差异,对全局编码感知差异进行量化,找出全局感知差异的拟合关系,进而总结出不同任务驱动的全局编码感知规律,最终指导设计出合理的复杂信息界面。这有利于人类视觉系统对视觉信息的快速处理与评估,使之直接地获取信息的逻辑结构和关联属性,从而保障用户对复杂信息界面识别、解读、决策整个过程高效可靠的运行,同时也为复杂信息界面的评价提供了重要的理论支撑。

目前大量学者[3-4]把研究重点放在信息界面的美学设计与可用性评价上,这种以界面为中心的视角虽然是对其他视角的必要补充,但它只针对系统界面中信息交互的三个组成部分之一———界面,而构建人类感知框架的视觉科学方法应该是以用户为中心。我们之所以要从人类视觉感知的角度出发去研究复杂信息界面的设计与评价,就是希望通过量化感知差异,找到视觉科学与设计科学的双向嵌入模式[5]。设计合理有效的复杂信息界面需要从理解视觉感知规律开始,测试它们如何应用于不同的信息编码,并通过建立这些编码,观察感知规律是否具有普适性。然而,目前复杂信息界面的设计流程是从完全相反的对立端开始的,首先构建信息显示界面,然后再找到相关的感知基础去匹配视觉表征,最后评价界面的可用性。这种界面设计方法会产生一个关键问题,我们对界面的理解和分析是片面的,也就不能给用户提供有效的界面设计,进而也不能提高用户识别和决策的效率。因此,更好地理解全局编码感知差异规律有利于界面设计准则的完善,从而最大限度地提高用户视觉对信息的处理能力。

事实上,在大数据和人工智能时代背景下,信息的体量和维度在急速增长,而人类对信息感知的能力却没有跨越式的提升,使得许多复杂信息界面的设计准则还没有被牢固确立,而不同的视觉特征和显示形式对于视觉统计决策具有不同的绩效,这也是复杂信息界面设计中一直尚未解决的难题。伴随着界面中显示维度和信息维度的增长,目前已经建立的单一特征编码感知理论形成的排序结果对于视觉特征重叠的全局编码来说有很大变化,已不完全适合对信息量复杂的界面背景下全局编码的感知分析。这些因素都使得对全局编码感知规律的研究成为设计科学、认知心理学、计算机科学、系统工程以及符号学等学科和领域共同关注的热点和焦点问题,视觉感知学科和设计学科协作也成为全局编码感知规律研究的沃土,以实现复杂信息界面的设计评价方法论。

## 1.2　国内外研究现状

信息可视化领域顶级权威会议 IEEE VIS 于 2018 年 10 月公布了会议报告关键词,从中可以看出,复杂信息界面领域的研究热点已经从单一视觉表征的感知转变成全局感知和基于全局感知的可视化设计,如图 1-2 所示。

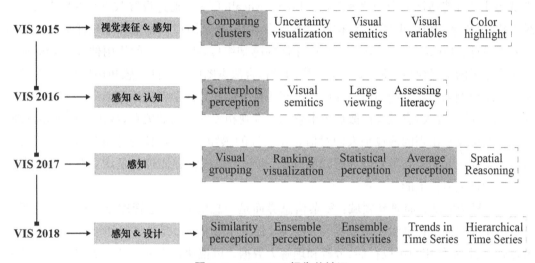

图 1-2　IEEE VIS 报告关键词

从图 1-2 中可以看出,越来越多的工作集中在空间分布信息的全局编码感知研究,这是大数据背景下信息可视化界面的研究方向和趋势。对于所涉及的相关学术领域,国内外学者进行了一系列的研究,取得了许多阶段性研究成果,主要研究工作和进展有:

(1) 全局编码研究领域:全局编码又称为整体编码,其概念最早起源于 18 世纪。最初是为了研究自然场景中信息提取的影响因素,例如从背景中识别或分割目标[6],理解场景中物体的空间关系[7-8]。这些研究也取得了一些成果,如 Treisman 的功能全局模型[9]、Steven 的心理物理学幂律[10]、Piaget 的发展理论[11]、Floyd 的心理动力学理论[12]和 Skinner 的操作性条件反射理论[13]等。到 20 世纪,场景统计的概念被 Haberman 和 Whitney[14]扩展到了更高水平的刺激研究中,他们对人群中的平均情绪表达进行测量。随着数据可用性和重要性的提高,受启发式感知心理学的影响,开始出现了针对信息图表的全局编码研究,但大多是基于单一图表的设计研究,Simkin 和 Hastie 等[15]在克利夫兰和麦吉尔对图表类型研究的基础上,通过在饼图和条形图中设置比例估算和量级判断的全局任务,测试在不同全局任务下饼图和条形图的绩效差异。Claudia Godau 等[16]通过在柱状图中设置不同的条形高度与异常值位置,测试异常值造成的平均值预测的系统偏差,最终提出条形图设计策略。Danielle Albers 等[17]在时间序列界面(折线图)中,将设计变量分为映射变量、视觉变量和计算变量三种,匹配不同的聚合全局任务,建立了折线图的设计变量与聚合全局任务的量化关系。Rensink 等[18]提供了一个新的视角来探索在相关的行为全局任务中视觉注意是如何选择或抑制散点图数据的聚集或离散程度的。Robert Kosara 等[19]通过设置不同的饼图变体,测量中心角、弧度和面积对感知(百分比测量)的影响。Nelson 等[20]分析了星坐标图对人机交互任务效率的影响。Roger Beecham 等[21]研究地图的等值线图之间的差异阈值和几何配置(空间单位面积的方差)的关系变化,结果表明人们感知差异的能力与地图基线结构以及地理单位的几何配置有关。最近几年,开始有学者对信息图表的全局编码进行研究,并尝试构建具有普适性的全局感知理论。Luana Micallef 等[22]通过设置散点图的散点尺寸和纵横比,分析平均值的识别误差,构建成本函数,用来搜索用户数据集和全局任务目标的最佳界面设计。Boynton[23]研究了协变量评估的感知维度,提出了一种使用伸长率和标准误差作为因子的全局模型。McKenna 等[24]通过拟合散点图中相关性的感知构建幂函数,并开发了系统模型来捕获人们如何估计信息之间的相关性。其他学者包括 Bertini[25]、Pandey[26]和 Tremmel[27]等人,尝试模拟散点图中感知与客观相关性之间的关系,找出全局感知机理。以上研究中反复出现的假设是人们对信息相关性的感知与全局编码特征有关,这表明特征编码的全局或冗余是人类对全局感知的基础,也就是说视觉感知机制是建立在对界面中信息编码的视觉表征上的。

(2)复杂信息界面研究领域:复杂信息界面是信息的载体,是管理复杂信息的重要途径。信息规模的增长刺激了信息科学的兴起,促进了数据库、机器学习和可视化技术的发展,这三大技术使用户可以存储、分析和理解大数据。可视化技术的最新发展提供了一种创新系统,允许用户以交互方式和视觉方式探索大数据。Tableau[28-29]、SpotFire[30] 和 SAS Visual Analytics[31]等的成功案例说明了将可视化与机器学习、数据库相结合以解决大数据问题的重要性。但是,随着数据大小和复杂性的不断增加,复杂信息界面的设计已经成为数据处理的关键制约因素。所以复杂信息可视化过程中的两个问题:传输数据量的限制和视觉感知的局限,在大数据的背景下,也成为了提高数据计算能力和信息流的瓶颈。为了解决这两个问题,近年来很多学者做了大量的相关研究。

信息技术发展方面:Giovanna Castellano 等[32]采用层次复杂信息界面方法,希望在有限的屏幕空间中进行海量信息的界面呈现。Weng 等[33]提出一种新的空间排序界面技术 SRVIS,支持高效的空间多准则决策过程,并基于最小化信息损失的优化框架,采用空间滤波和比较分析进行信息编码,帮助用户选择最佳的界面布局形式。Antoine 等[34]以复杂网络为研究对象,提出隐藏度量空间模型,将社交网络中个体的兴趣和背景的差异进行信息多层的界面呈现。Jamróz 等[35]提出了一种新的多维数据界面的方法,该方法修正了基于视角的界面观测差异,并与平行坐标、正交投影、主成分分析和多维尺度等界面方法进行比较,促进了多维空间中的定向和导航观测效率的提高。Wagner Filho 等[36]提出了名为 VirtualDesk 的虚拟交互原型,旨在增加立体复杂信息界面中的沉浸感,并实现了与控件和二维相关信息的实时交互,放大了用户对信息提取效率和参与度的主观感知,并通过与非沉浸式界面进行对比,验证了交互原型的显著效果。Forsberg 等[37]在虚拟现实中创建了新的交互式复杂信息界面应用程序,以评估用于过滤数据的两种基于 Web 的交互方法,实验结果表明,利用网络启发的交互方法在虚拟现实中进行过滤操作有助于参与者理解交互的功能,同时使交互行为更为自然。杨峰等[38]提出了一种基于非线性映射实现的界面技术,可用于文本聚类的方法研究。任磊等[39]提出一种面向复杂信息界面的语义 Focus＋Context 人机交互技术,在基于空间距离的经典 Focus＋Context 数学模型基础上对其进行语义建模和扩展,建立了面向信息空间和界面表征空间的语义距离模型、语义关注度模型以及用户界面模型。

信息感知研究方面:理解感知机理对于优化复杂信息界面设计至关重要。近年来,感知驱动的复杂信息界面研究主要集中在以下几个方面:界面设计变量与感知变量的关系模型构建,设计变量(包括视觉变量和映射变量)如何影响视觉感知,现有的视觉感知机制如何模拟更复杂的信息界面,开发复杂信息界面的全局任务模型等。Rensink[40]的研究实验表明散点图中的相关性感知可以使用韦伯定律来建模,这一发现对复杂信息界面具有重要意义,因为它确立了用于模拟低水平感觉刺激的技术和原则,并可以在抽象复杂信息界面中,应用于更高层次模型的感知(如感知相关性)。Harrison[41]在 Rensink 的研究基础上,应用相同的实验技术,对九个不同的复杂信息界面中的相关性感知进行测试,实验结果表明,在所有测试的界面中,相关性感知遵循线性韦伯定律,并且由于每个界面具有不同的韦伯系数,作者最终能够对不同界面的全局任务绩效进行排序。Kay 和 Heer[42]改进了 Harrison 研究中的界面形式,增加了多个信息维度,最终得到了刺激强度和差异阈值的对数关系,在开发复杂信息界面感知方面取得一定进展。Yang[43]提出了界面的感知理论,并发现不同的视觉特征在界面中的不同任务绩效。Bezerianos 等[44]研究了复杂信息界面上视觉变量的感知差异,通过设置不同的视觉变量(角度、面积、长度),观测视距和视角的变化如何影响信息感知,帮助设计人员在有限的空间内创建有效的复杂信息界面。Li 等[45]测试和量化了人类对复杂信息界面中图形符号之间的差异化感知,在图形尺寸和亮度之间的相互作用中构建物理度量和感知尺度之间的映射模型,并利用空间模型和映射机制生成视觉编码方案。Pineo 等[46]提出了一种使用人类视觉计算模型自动计算及评估界面感知的方法,通过观察界面产生的神经活动,以产生界面有效性的度量,通过将该有效性度量作为效用函数来实现界面优化。Aigner[47]、Kaeppler[48]和 Szafir[49]等学者在界面中或利用颜色和位置编码相结合的编码形式,或尺寸和颜色相结合的编码形式等进行视觉特征编码,感知差异化研究。刘晓平提出了一种基于复杂信息界面的协同感知模型,在感知粒度和感知范围的支持下使感知对象与感知呈现模式相映射,引入了进程线、全局任务前趋图、思维导图等图形化的复杂信息界面方式以支持感知信息的通信,描述了不同设计端对感知信息的处理流程,促进了设计过程中的通信与协作。

界面评价研究方面:目前复杂信息界面的设计评价主要有两种方式,构建数学模型评价(多目标决策方法、模糊综合评价法以及数理统计法等)和生理信息测量评价(脑电、眼动和行为分析仪等)。Guo 等[50]提出了改进的二元加权平均算子和 VIKOR 结合的评价方法,以评估不同的交互界面。Chen 等[51]提出了一个定量数据融合模型和在线界面评估的应用程序,可以准确预测用户对全局任务复杂性的评估以及不同类型的数据集对于界面评估的影响。Goldberg 等[52]利用眼动追踪方法探索界面评估研究中的认知处理过程,通过实验方法比较径向图和线性图对多个数据维度值进行查找全局任务时的区别,并使用眼动追踪对全局任务的错误策略进行分类,最终提出了用于径向图和线性图的设计评价指南。Giraudet 等[53]通过模拟全局任务,将行为和神经响应与两种不同的视觉设计进行比较,并将音调出现的 P 300 作为剩余注意力资源的指标,结果表明,显著的视觉设计参与者比次优操作设计参与者具有更好的准确性,说明增强的视觉设计释放了注意力资源,P 300 振幅更可以用作界面设计效率和认知负荷的有效估计。从以上学者的研究中可以看出,不论是构建数学模型的方法还是生理量化的方法,都需要针对不同的设计全局任务结合大量的指标参数,这会导致评价缺乏系统性。那么是否存在描述界面感知的一般规律,如果存在这样的规律性,就可以使用相对较少的参数来评价复杂信息界面,但是目前对这个领域的研究几乎空白。

(3)感知差异研究领域:感知差异对界面研究和信息提取带有主观性倾向。感知差异主要分为隐性差异、基本归因误差和信息检测差异等。在信息领域,感知差异也称为信息检测差异,它会影响信息提取和信息编码研究中的评估。已有学者提出了经典的信息感知差异阈值的定律,例如韦伯的线性感知定律[54]、费希纳的对数感知定律[55]以及斯蒂文的幂函数感知理论[56],但是大多数定律的形成都是在 Cleveland 和 McGill[57]提出的单一特征编码基础上的扩展,并没有涉及全局编码的范畴,而且目前感知差异在复杂信息界面领域的成果几乎是空白。但大多数学者是从感知不对称性与局限性、视错觉、感知偏差以及决策判断等方面进行研究,很少有学者从视觉特征的编码角度进行分析研究。Basso 等[58]利用视觉空间注意力任务观察视觉空间感知偏差,研究视觉感知的不对称性。实验结果表明,视觉感知的不对称性在运动、全局编码和坐标空间判断方面具有较低的视场优势;而在视觉搜索、局部编码和分类判断上具有较高的视场优势,并且视觉流之间的功能差异可能是造成感知不对称的视场差异的基础。René Zeelenberg 等[59]采用两种不同的感知识别任务,以区分信息感知偏差和增强处理的影响程度。实验结果表明,情绪显著的目标信息比一般目标信息更易被感知识别,并且情绪显著的目标刺激感知编码增强。Amer 等[60]利用实验手段证明视觉感知错觉可能会使查看界面信息的决策者产生感知偏差,他们分别使用添加水平网格线的信息图表与未添加的信息图表,让被试进行信息搜索任务,实验结果表明在特定的信息图表中添加水平网格线可以有效缓解感知偏差的产生。Evanthia Dimara 等[61]通过实验记录感知偏差如何影响数据的分析,提出以全局任务为基础的感知偏差分类,试图解决复杂信息界面中存在的偏差判断和决策问题。Mehrdad Jazayeri 等[62]提出视觉感知错觉作为推断感知编码的机制,是一种大脑解码感知信息的方式,反映了优化特定任务性能的策略。Wilson[63]等将视觉感知错觉与虚拟现实界面结合,阐明系统的虚拟动力学特性与人的感知之间的关系,通过改变触觉界面的虚拟动力学参数,开展包括水平/垂直错觉和尺寸/重量错觉等心理学实验,来评估被试的感知差别。实验结果表明,触觉界面是研究感知错觉的有效工具。Irene Cheng 等[64]提出使用最小感知差异阈值来识别冗余网格数据的感知度量,以便分配可用带宽来提高纹理分辨率,并通过感知评估验证表明,最小感知差异阈值模型能够在人的视觉系统的基础上准确预测感知影响。吴佳茜等[65]为实现在产品设计中的无视觉感知差别的比例调整,进行了基于差异阈值测量的视觉感知实验,测量人对几何形态比例辨认的差异阈,得出对比例感知差异阈有显著影响的控制变量。

(4)感知模型构建领域:复杂信息界面的设计和评价应该建立在信息感知的量化模型上。首先,目前确定"最佳"界面设计的方法大多是通过多因素的人为实验来实现,在这些实验中,每个设计元素作为一个实验因素,这样往往会产生大量的实验条件,虽然这些实验会得到较可信的结果,但它们很难推广到实验条件范围之外;其次,量化模型可以提供可预测和可证伪的基线,以研究视觉形式中设计元素对界面绩效的影响。Dobromir Rahnev 等[66]构建了注意力模型,在此模型中,注意力减少了感知信号的试运行变异,提高了感知敏感度。Rybaka[67]等构建了视觉感知和识别模型。该模型包括:低层次的子系统,它同时执行主要视觉特征(边缘)的检测;高层次的子系统,包括分离的感觉记忆和运动记忆结构。该模型显示了在移动、旋转和缩放时同等地识别复杂图像的能力。Laurence T 等[68]将贝叶斯决策理论(BDT)作为数学框架,对各种视觉运动任务中的理想绩效进行建模,利用 BDT 计算这些任务中理想绩效的基准,将实际绩效与理想绩效进行比较,提出了视觉任务的转移标准,以构成感知和认知行为的 BDT 模型。Lorenza Saitta 等[69]为了减少任务的复杂性,提出了一种新颖的、基于视觉感知的抽象模型,并将其应用于人工智能中机器人视觉感知和分类的实际问题。Merk 等[70]提出一种新的多稳态视觉感知随机模型。它以实验数据的时间序列分析结果为基础,将数据的相关维数与白噪声的相关维数进行比较,证明它是一个线性随机过程。

综上所述,通过对国内外研究现状和取得的研究成果的回顾与分析发现,自从 Bertin[71]在图形符号学进行了开创性工作以来,国内外学者针对复杂信息界面的视觉感知和编码方法等方面进行了跨学科的深入研究,创建了大量的编码方法以及模型理论,对于指导信息界面的设计与评价做出了重要贡献,也为其他关于信息界面与视觉感知方面的研究打下了坚实基础。但是,这些研究也存在一定的局限性。首先,对于复杂信息界面的编码方法研究大多还是针对单一编码方式或有限的全局编码方式,鲜有对面向整个复杂信息界面的全局编码方法进行探究,因此对于现实中复杂信息界面的设计评价也只能提供部分指导。其次,对于视觉系统感知差异的研究,绝大多数学者还是通过定性的行为实验研究结果进行分析,并没有引入量化机制对感知差异进行定量研究,这便会产生主观偏差。最后,现有复杂信息界面的评价研究大多采用眼-脑生理实验方法,主要借助生理测评指标的变化对界面进行评价,但是该评价方法会在带来大量指标参数计算的同时,在去噪处理方面产生有一定困难,对界面的评价缺乏可预测和可证伪的基线。所以,要解决上述问题,需要采用信息科学、认知科学、心理学、设计科学和人因工效学中的相关研究范式、基础理论模型和数据处理手段,对复杂信息界面的编码方式以及感知规律进行研究,进而寻求复杂信息界面优化设计的科学方法。

## 1.3　研究内容

本书以复杂信息界面为研究背景,从人类视觉系统相对稳定的感知结构和视觉感知视角出发,对复杂信息界面全局编码的感知差异量化进行实验研究。从视觉处理信息容量限制的关键机制——全局编码的角度,对复杂信息界面的感知规律进行研究,为丰富复杂信息界面的设计与评价理论做出了贡献。通过采用视觉科学中的心理物理学实验方法,结合设计学中的界面交互模型、工作流任务模型、图形图像理论以及信息科学中的信息提取策略等,引入差异阈值的概念对感知差异进行量化研究,探究了不同任务驱动的全局编码感知差异拟合关系,进而总结出针对界面设计的全局编码决策集,为复杂信息界面的设计与评价提供了更系统和全面的科学基础。该研究立意新颖,具有实际而广泛的应用价值,可进行深入研究。同时,视觉科学[72-74]和设计科学的相关理论[75-76]及模型[1],成熟的心理物理学实验方法[77-78],复杂信息界面的部分研究成果都将为全局编码的感量差异量化研究提供基础。

具体的研究内容包括以下几个部分:

(1) 复杂信息界面全局编码的理论研究

对复杂信息界面全局编码的理论研究首先需要掌握复杂信息界面的编码原则和界面信息论等理论研究基础,包括视觉信息编码、信息交互、界面评价以及信息显示工作流等。其次,从信息论的角度研究信息通道模型(界面视觉探索模型和界面设计转换模型)之间的相似性和差异性,进而总结分析人类视觉信息处理过程,包括信息编码的表征过程、信息感知解码过程、信息存储过程,以及信息显示过程等。最后对全局编码感知差异的形成因素和感知基础等进行研究,包括全局编码的产生机制、全局感知的层级分类、全局编码的感知策略以及全局编码的量化感知方法等。以上研究内容为复杂信息界面全局编码的感知差异量化研究奠定了理论基础,同时也为量化感知实验中所涉及的实验设计方法提供了科学依据。

(2) 全局编码感知驱动的界面任务分类

通常,界面任务被理解为基于某种指令或目的在界面信息表征上交互执行的活动。当前复杂信息界面的设计和评价源于用户能够“解析”信息表征并独立对其进行操作,而对信息表征成功决策和分析的前提是建立信息界面设计与界面全局任务的耦合关系。目前界面任务的分类主要包括以用户行为为中心和以信息结构为中心。本部分内容首先根据视觉目标的组织分类对视觉任务、交互任务以及分析任务等全局任务进行分类和整合,从而构建全局任务的设计维度和视觉表征形式,创建针对复杂信息界面的全局任务集,为建立不同的全局任务与全局编码的表征关系奠定基础。

(3) 影响任务判断的全局编码感知差异量化研究

在信息编码感知所涉及的诸多实验研究中,大量学者试图通过使用各种不同属性的特征编码对视觉感知进行量化,然而,研究大多针对的是单一值任务,例如从少量特征值中提取和估计某一特定的值(Cleveland 和 McGill[57], Heer, Kong, 和 Agrawala[79], Javed, McDonnel 和 Elmqvist[80]等学者的研究)。目前复杂信息界面中诸如数据平均值的构建、信息相关性的估计、离散值和方差的比较,以及信息节点的数量判断等一些聚合属性的提取等,伴随着信息维度和层级关系的增多而应用更普遍,这均需要对视觉空间分布的全局编码的感知差异进行理解。所以本部分首先根据第二部分建立的全局任务集,总结三类主要的复杂信息界面全局任务,并分别针对识别任务驱动的全局编码感知差异规律、模式判断任务驱动的全局编码感知规律以及量级总结任务的全局编码感知差异规律开展实验研究,构建不同任务驱动的复杂信息界面全局编码物理变化量与感知变化量的拟合关系,得到不同任务驱动的全局编码感知差异量化规律,为面向不同全局任务的信息界面设计与评价方法提供科学的数据理论支撑。

（4）复杂信息界面设计与评价方法的建立

基于建立的全局感知差异的量化规律,整合归纳出复杂信息界面设计的全局编码决策集,结合实例,将决策集的编码方法应用在复杂信息界面设计中,引入加权平均算子和VIKOR 相结合的界面综合评价方法,对本书基于视觉感知差异理论构建的全局编码决策集的可行性与有效性进行验证。

书中阐述的主要成果如下：

（1）通过感知实验获得了单一识别任务中（绝对值识别）信息编码的感知差异阈值,并将该差异阈值作为全局任务中（相对值识别）目标信息与干扰信息感知差异识别的依据,进而开展对识别任务驱动的全局编码感知差异的研究。将尺寸编码和颜色编码作为实验研究中的自变量,对识别任务下全局编码如何影响单一信息的识别进行深入研究,提出识别任务驱动下的全局编码感知差异量化规律。

（2）在模式判断任务背景下,通过对心理物理学中测定差异阈值的阶梯法和量化法进行改进,对相关性判断任务中的全局编码感知差异量化规律进行研究,包括颜色编码、冗余编码和空间维度对信息相关性感知的绩效影响。构建不同编码形式的感知变化量函数拟合关系,提出模式判断任务下的全局编码感知差异量化规律。

（3）在量级总结任务背景下,通过开展信息编码对量级比较任务的感知实验,研究不同的编码形式——形状编码、颜色编码和冗余编码对界面量级总结任务的感知绩效影响,并基于绩效影响实验结果,构建感知变化量的函数拟合关系,提出量级总结任务下的全局编码感知差异量化规律。

（4）书中构建了全局编码的信息决策集以及复杂信息界面的综合评价数据库,并将加权平均算子和 VIKOR 相结合的多目标群决策模型作为综合评价库中的可用算法,以全面有效地评价复杂信息界面的设计。

## 1.4 本书结构及撰写安排

本书从人类视觉系统相对稳定的感知结构和视觉感知视角出发,对复杂信息界面全局编码的感知差异量化进行实验研究,进而提出复杂信息界面全局感知机制与相关实验研究方法。其中第二章对全局编码感知相关理论展开论述,第三章对复杂信息界面全局任务的整合进行重点阐述,第四、第五和第六章分别对不同任务驱动的全局编码感知差异量化机制进行实验研究及论述,第七章则重点阐述了全局编码决策集构建及界面设计与评价方法。

本书具体研究思路和框架安排如图 1-3,各章节的内容安排如下：

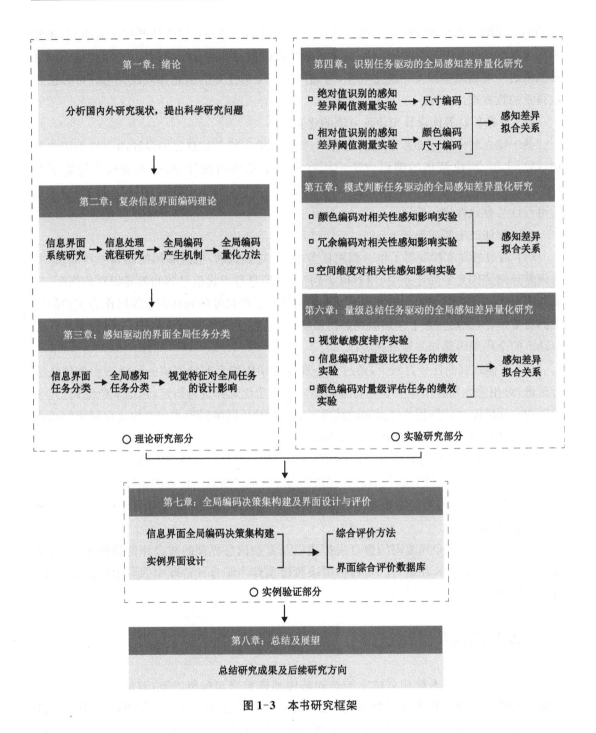

图1-3　本书研究框架

第一章(绪论):分析复杂信息界面全局感知量化机制的研究背景及意义,对国内外研究现状进行概述,基于研究现状提出现有研究的局限性,阐述本书的研究内容、研究思路以及拟解决的实际应用问题。

第二章(全局编码感知理论研究分析):对信息显示的工作流过程以及界面信息处理的

全过程进行分析总结,探究全局编码感知差异的形成因素和感知基础等,最终提出针对全局编码的感知差异测量方法以及全局编码的感知策略。

第三章(复杂信息界面全局任务的提取):根据视觉目标的组织分类对视觉任务、交互任务以及分析任务等全局任务进行分类和整合,构建全局任务的设计维度,最终创建针对复杂信息界面的全局任务集。

第四章(目标识别任务驱动的全局编码感知差异量化研究):在目标识别任务中,利用视觉搜索实验范式,对形状编码和颜色编码等影响识别任务的感知差异进行实验研究,构建静态环境下的时间压力和数量级对反应时和正确率影响的函数关系,最终构建了识别任务驱动下的信息客观变化量与感知变化量的函数关系,提出了识别任务驱动下的全局编码感知差异量化规律。

第五章(模式判断任务驱动的全局编码感知差异量化研究):在模式判断任务背景下,对感知冗余效应的产生本质和影响因素进行分析,基于视觉感知理论中的复合图像理论和心理物理学中的感知测量方法,对相关性判断任务中的编码感知差异进行实验研究,并对实验数据进行相关的回归分析,最终构建模式判断任务下的信息客观变化量与感知变化量的函数关系,提出模式判断任务驱动下的全局编码感知差异量化规律。

第六章(量级总结任务驱动的全局编码感知差异量化研究):在量级总结任务背景下,对影响量级总结任务的视觉因素进行深入分析,包括视觉拥挤、信息冗余与错觉结合、视觉分层结构等。基于信息融合编码理论,利用心理物理学实验范式,分别开展视觉敏感度排序实验、信息编码对量级比较任务的感知绩效影响实验和颜色编码对量级评估任务的感知绩效影响实验,最终构建量级评估任务中信息客观变化量与感知变化量的函数关系,提出量级评估任务驱动下的全局编码感知差异量化规律。

第七章(全局编码决策集构建及界面设计与评价):基于第四、第五、第六章的实验测试结果,构建复杂信息界面全局编码的决策集,并将加权平均算子和 VIKOR 相结合的多目标群决策模型评价方法作为综合评价库的可用算法,对根据全局编码决策集设计的信息界面实例进行评价,以验证本书研究的正确性和实用性。

第八章(总结与展望):对前面的研究工作进行总结,得出研究成果,结合复杂信息界面的可用场景,提出后续的研究方向。

## 本章小结

本章针对复杂信息界面全局感知量化机制的研究背景与意义进行阐述,对国内外研究现状和取得的研究成果进行回顾与分析,发现国内外学者对复杂信息界面的视觉感知和编码方法等方面进行了跨学科的深入研究,创建了大量的编码方法以及模型理论。但是,对于复杂信息界面的编码方法研究大多还是针对单一编码方式或有限的全局编码方式,鲜有对面向整个复杂信息界面的全局编码方法进行探究,并且在现有的视觉感知差异研究中并没有引入量化机制对感知差异进行定量分析。针对目前研究存在的诸多问题,本章提出了研究的相关工作、研究思路与结构流程,并提炼出了本书的整体研究框架。

# 第二章  复杂信息界面编码理论

在对复杂信息界面全局感知量化机制研究之前,需要明确复杂信息界面系统的运作形式。本章首先对复杂信息界面的组成部分进行分析,包括复杂信息界面的基本原则、界面信息论以及基于信息论的界面信息处理模型。其次,深入探讨了视觉信息编码表征阶段、信息感知解码过程以及视觉处理阶段等信息化处理过程。最后引出了全局编码的产生机制、感知基础以及全局感知差异的量化方法等。

## 2.1  复杂信息界面系统概述

近年来,人们日益认识到复杂信息界面在信息传达和数据分析中起着至关重要的作用。然而,为特定信息集、给定界面任务或基于任务的决策支持工具找到正确的界面显示形式仍然是一项极具挑战的任务。在现实生活中,复杂信息界面承载的信息大多是不完整的,存在各种各样的缺陷,如传感器的可变性、估计误差、不确定性、数据输入中的人为误差以及数据采集中的差距等[81-82],对这些可变质量信息进行分析可能会导致不准确或不正确的结果。所以一个有效的界面系统必须能够准确地传递实际的数据内容和质量属性。在目前信息量复杂的背景下,复杂信息界面设计的可用性与易用性,在很大程度上取决于信息传输的质量。

### 2.1.1  复杂信息界面研究内容

20 世纪 90 年代,复杂信息界面作为一个独立的研究领域应运而生,它的研究内容是如何将给定的问题有效地转化为人类视觉和认知语言。当前针对复杂信息界面的研究涉及计算机科学、认知心理学和设计学等学科,其研究内容主要包括以下三部分:

(1)视觉信息编码:信息编码是复杂信息界面显示的基础。在所有的复杂信息界面中,视觉元素都被用作表示语义属性的视觉语法[83]。例如,颜色可以用来表征温度变化值,其中红色代表热,白色或蓝色代表冷,这些信息映射成不同的编码形式,将产生完整的视觉隐喻出来。

(2)信息交互:信息交互是复杂信息界面的重要组成部分。计算机科学的出现为设计具有灵活性的交互式界面系统奠定了坚实基础。复杂信息界面的交互操作主要包括:导航(交互式导航包括更改视野焦点或界面中对象的位置)、链接(通过突出显示用户指定的区域来聚焦特定的目标信息区域)以及动画[84](如果界面中信息的结构或位置的变化显示为平滑的过渡而不是离散的跳跃,那么观察者对信息的认知过程会变得容易)。

（3）界面评价：界面评价在复杂信息界面中起着核心作用，它提供了从信息集合中凸显出目标信息来调整界面系统的线索。可以通过定量与定性结合的生理实验方式评估界面的可用性，例如利用眼动设备或者生理评测设备进行界面的可用性评价，或者使用认知心理学相关的行为实验方法对用户搜索目标信息的凸显性进行测试，用户的测试范围可以从迭代设计周期中的信息局部搜索到信息全局搜索，旨在收集被试反应时和正确率等因变量的显著性统计结果。

## 2.1.2 信息论概述

Schneider 将信息定义为"接收者衡量不确定性减少的方法"[85]。信息分为选择性信息、描述性信息以及结构语义信息三类[86]。信息论最初应用在信息的量化与压缩[87]，以及信息的检测与识别中[88]。信息论是由 Shannon 和 Weaver[89, 92] 提出的，它是概率论的一个分支[90]，是量化、编码信息，以及交互信息的一门科学[91]。信息论主要是从硬件通信信道的研究中发展而来，它有两个关键术语：熵和带宽。它将熵定义为信息通道传输过程中的信息丢失，将带宽定义为给定时间段内衡量信息通道传递信息量的指标。

复杂信息界面可以看作是从元信息集到用户认知处理中心的通信信道。它主要涉及信息编码和信息交互，所以创建和查看界面通常是一种信息提取过程，通过界面显示通道进行最大化的信息传递，降低信息通道传输过程中的信息丢失。而界面显示的局限性易导致用户提取界面信息与界面显示信息的不平衡。目前有效信息提取的界面设计方法主要使用布局、形状和颜色编码等来改进界面信息的表征形式，或者通过链接、边界空白来增强界面信息显示效果，抑或是使用冗余映射来增强所包含的信息量，从而提高用户接收信息的效率。

## 2.1.3 基于信息论的信息处理模型

界面信息处理过程是通过信息通道将元信息转换为目标搜索信息的过程。信息处理与生产过程类似，它遵循输入到输出的过程，其中元信息被输入到信息显示界面，以产生输出（信息和任务决策）。准确地说，界面信息处理过程包括信息的收集与储存、信息的预处理阶段（信息的量化与压缩）、信息的视觉映射阶段（图形表征阶段和视觉表征阶段）以及用户的感知认知阶段等四个基本阶段，这四个阶段形成了一个信息处理的闭环。其中信息的视觉映射阶段与感知认知阶段是界面信息处理的主要阶段，所以充分了解信息的处理机制以及界面信息的感知过程等，是有效设计复杂信息界面的前提。

从信息论的角度研究信息通道模型和可视化模型之间的相似性和差异性是深入了解信息处理机制的基础。图 2-1 显示了 Shannon 和 Weaver 建立的基本信息通道系统[92]。编码端（信息传输端）和解码端（信息接收端）将消息转换为信号。在现代信息通信系统中，我们可以简单地将消息和信号视为"数据"。其中信息通道可以看作一个函数，它对输入信号 S 进行操作，从而导致输出信号"S"。图 2-2 显示了一个标准的界面通道。通道中的每个进程几乎都可能受到噪声影响，例如，信息筛选过程可能会导致信息丢失或失真，视觉映射过程可能会由于视觉隐喻的结构空间和特征属性空间带宽有限而引入量化误差，渲染过程可能会由于颜色编码混合而导致信息失真,查找信息过程可能会由于信息感知以及行为认知偏差导致信息输出错误等。

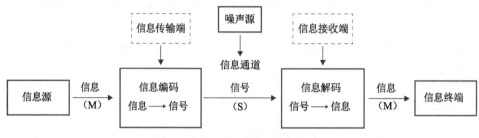

图 2-1  界面信息系统

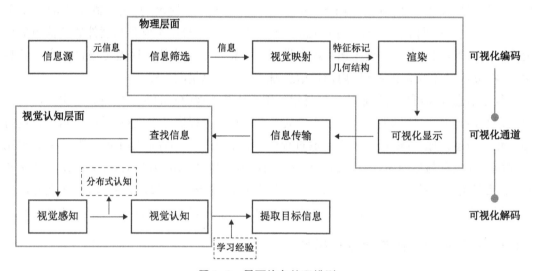

图 2-2  界面信息处理模型

虽然信息系统模型和界面信息处理模型是相似的,都包括信息编码、信息通道和信息解码三个阶段。但是,它们的区别也很明显:首先,信息系统优先考虑系统传输的数据本身,而在可视化系统中,优先考虑的是人的视觉感知、认知和决策之间的有效串联;其次,信息系统的编码端和解码端是恒定的,所以信息系统的构建重点是传输数据的速度和量级,而在可视化系统中,用户将解码端信息输出的准确性和有效性作为构建重点,却不是针对编码端和信道子系统。不过尽管存在上述差异,信息系统中的相关理论仍然可以解释复杂信息界面设计中的诸多问题。主要体现在将信息理论用于界面中的信息复杂度分析[93]、界面任务的分类[94-96],以及将信息熵应用在界面评价等[97]。

目前改善界面信息传输通道的方式需要将算法要素与用户体验要素的各个方面结合起来,基于此,需要建立包含以上要素的科学界面模型,用以缩短用户体验和界面领域之间的差距。主要是构建界面视觉探索模型和界面转换设计模型,以便在界面探究过程中系统地获取、表征和操作所获得的信息,为界面参数空间的探索提供结构化环境。

（1）界面视觉探索模型（视觉平行搜索模型）

界面视觉探索发生在可视化系统的界面解码阶段，是洞察提取信息的过程。界面探索是一项包含视觉搜索和信息搜索的目标驱动任务，它是一个迭代的过程。用户通过视觉探索提取初始信息，然后评估该信息，最后由操作界面参数提取新的信息，直到满足目标任务为止。因此完整的界面探索模型需要能够了解用户如何处理视觉线索以及做出搜索判断，以便提供更有效的设计路径[98-99]。

（2）界面设计转换模型（设计引导视觉搜索模型）

界面设计转换是根据界面参数计算所描述的结果函数，这些参数是指示界面渲染结果的视觉元素，如刷状图节点或不透明度图[100]。已有的研究工作已经探讨了用不同的机制来构造这样的转换，但是目前的研究内容没有充分利用感知和认知理论来评估设计决策；大多数研究并没有涉及对可视化工具的使用[101]。虽然已经提出了一些通过设计转换模型为数据显示提供设计指导的方法，但是这些贡献更需要一个完整和系统的科学基础来支撑其用于界面显示设计的有效合理性。

## 2.2　视觉信息处理阶段

在视觉信息处理中，我们的视觉感知和认知能力增强了我们解决问题的能力。视觉隐喻甚至可用于信息理解，以复杂信息界面为例，对界面布局的整体理解通常被称为"看见"，删减目标区域的布局层级通常被称为"聚焦"，发现目标信息通常被称为"光带"。显然，我们的视觉破译能力在很大程度上依赖于我们的感知和认知能力。所以用户对复杂信息界面的信息处理类似于计算机对数据的处理。如何成功地从复杂信息界面的大量非结构信息集中抽取目标信息，作出有效决策，是需要建立视觉感知和界面信息编码的匹配模型。这些感知或认知策略涉及对信息的有效编码和大脑解码，以便更好地总结、分类、提取和记忆信息。

### 2.2.1　视觉信息编码表征阶段

#### 2.2.1.1　视觉编码变量分类

信息显示界面设计包括对信息变量（维度）、视觉变量（颜色、尺寸和方向等），以及视觉隐喻（二维或三维信息层级结构、树、网络等）的确定。在大多情况下，视觉隐喻首先被确定，因此从数据变量到视觉变量的映射是界面设计的主要任务。其中，每个信息变量都有一个与之相关联的抽象度量，分别为名义水平、序数水平和量化水平[102]。名义水平包括所有分类信息，序数水平是将信息按照一定的顺序聚类、分组，而量化水平指信息被量化并通过数值表示。视觉变量主要有两种类型：平面变量（一维、二维）和视网膜变量（三维、多维）。

（1）平面变量——平面变量是指在二维平面中表述水平和垂直位置的变量。平面变量中的三个可视单元是点、线和面。平面变量适用于任何数据类型，但是在一维和二维信息中处理效率更高，它主要作用在量化数据的表征上。但如果只用平面变量设计复杂信息界面是不准确的,因为信息维度和信息层级关系的复杂性,平面变量不可能完全编码复杂信息界面信息,即使编码简单的复杂信息界面,也必须同时处理平面显示界面和两个平面变量。

(2)视网膜变量——人类对视网膜变量很敏感。我们能够很容易地区分不同的颜色、形状、大小等不同的视觉特征。在 20 世纪 60 年代,Bertin[71, 103, 104]就引入了视网膜变量。视网膜变量适用于不同的数据类型,一旦知道了数据的"形状"(定量数据、顺序数据、分类数据或关系数据),就可以用不同的视觉特征对其各种维度进行编码。视觉特征是否具有自然排序功能,取决于视觉系统和大脑中的分析机制是否自动地将不同的信息分配给不同的视觉特征。视网膜变量的功效取决于数据类型,不同的数据类型用不同的视觉特征表示,如图 2-3 所示。定量数据和分类数据都可以用位置表征,宽度可以表征顺序数据而不能表征定量数据。

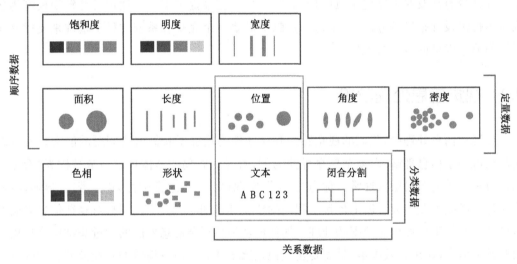

图 2-3　显示界面数据类型

视网膜变量选择中存在的问题是它们之间的相互作用,即整合或分离维度。人类视觉感知的维度几乎是连续的,从完全分离的视觉编码到高度全局化的视觉处理。对于不同的界面全局任务,信息的可分离维度是最理想的维度,因为我们可以将它们视为正交的,并将它们组合在一起,而不需要任何视觉感知"交互"。例如,位置与颜色是能够高度分离的,但是红色和黄色则会产生视觉干扰,这是因为在红色色域和黄色色域之间存在相邻色域而导致的。

## 2.2.1.2　视觉编码维度分类

视觉信息编码是将元信息转换为多种信息处理格式,将从数据空间中提取的信息转换为设计空间中的显示模型的过程。在计算机技术中,编码是将特定的代码(如字母、符号和数字)应用于数据中,以便转换为等效密码的过程。在复杂信息界面中,编码是大脑处理视觉信息的通道,是将信息映射到视觉结构的方式。信息编码需要确保所编码的目标信息有效凸显,它提供了度量信息感知的基线。

目前信息编码维度可以分为单一视觉特征编码、冗余视觉特征编码和全局视觉特征编码三种。随着信息化程度的提高,以及智能显控界面的应用,目前信息编码形式大都为冗余视觉特征编码或全局视觉特征编码,即单一视觉特征通常被用于某些单一信息的编码,而冗余视觉特征和全局视觉特征通常被用于信息的全局编码中,所以存在冗余编码和全局编码形式的界面任务通常分为局部搜索任务和全局搜索任务两种。在全局搜索任务中,冗余编码和全局编码形式如何引导注意是需要研究的重点。在已有的诸多信息编码研究中,大量学者通过使用各种不同的单一视觉特征编码来量化被试的感知机制,然而,他们的研究重点是单一值任务,例如仅仅通过目标信息搜索实验分析搜索某一目标信息的反应时和正确率来判断视觉特征的编码优劣。但是,对诸如复杂信息界面中数据平均值的构建、信息相关性的估计、离散值和方差的比较,以及信息节点的数量判断等视觉统计属性的提取是复杂信息界面中信息提取的前提,所以需要对空间分布全局编码感知深入理解。

（1）单一视觉特征编码

理解复杂信息界面从理解数据开始,数据可以采用多种形式表示,像文本、表格、数据库元组等。数据也可以遵循多种模式,像聚类、离散值、相关性等。编码可以看作从数据到显示表征的过程。单一视觉特征编码主要分为以下 10 种编码形式,如图 2-4 所示。

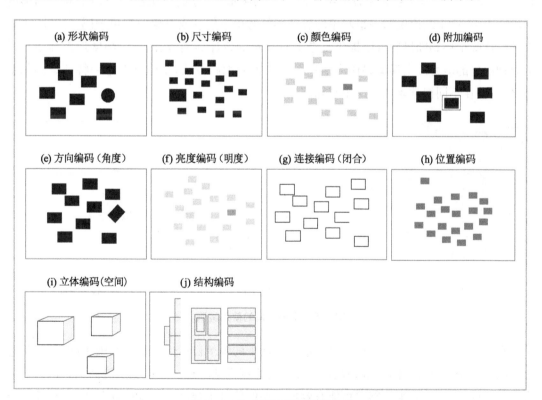

图 2-4 单一视觉特征编码形式

对于呈现信息量级少,信息结构单一的显示界面来说,针对一维和二维信息,单一视觉特征的编码就可以满足基本的目标信息搜索任务,区别仅在于利用不同的视觉特征执行任务时,其反应速度或感知效率是不同的。而对于呈现信息显示维度和层级结构复杂的信息界面来说,针对多维信息,选择哪些编码形式映射到多种信息集合上的多个维度,将会直接影响界面任务的执行。单一视觉特征编码可以看作是可视化任务中信息编码的基础,它可以计算信息、区分信息,甚至可以排序信息,它的应用对于信息可视化的布局起到至关重要的作用。

（2）全局视觉特征编码

复杂信息界面包含许多相似的视觉特征,像图 2-5 中相似的颜色、形状和位置等。视觉系统需要在时间压力下处理空间中的大量复杂信息,因此大脑面临着快速处理大量信息的挑战。然而,神经处理在其资源方面面临着极大的限制,如注意力[105]和工作记忆[106],因此不能同时精确地编码图中的每一个信息。全局视觉特征编码用于减少界面中的冗余和噪声,它提供了一种观察相似视觉特征和整体信息的能力,支持分布式视觉信息统计的快速提取。全局编码研究的重点是理解界面全局任务中的视觉统计的决策,以及这些统计如何用于有效编码和信息表示。最初,全局编码作为研究面部表情变化的一种方式。近几年,随着信息量级的增多,大量学者[107-108]开始研究如何利用用户的视觉系统能力处理视觉统计信息。Ariely[109]发现,当被试观看多组不同数量的圆形时,他们能快速提取到不同组圆形的平均值大小,这个结论说明一组对象的表征不是对单个信息或对象的简单编码。因此,更好地理解这些全局感知机制可以提供复杂信息显示的设计准则,从而最大限度地提高用户视觉处理信息的能力。全局编码作为信息统计决策的编码方式,是建立在单一特征编码的基础之上,并在不同视觉表征中产生感知交互。

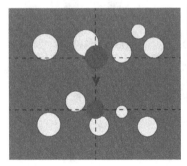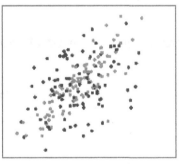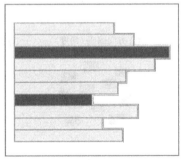

（a）平均值测量　　　　　　　（b）相关性判断　　　　　　　（c）极值判断

**图 2-5　全局编码的使用案例**

在现实应用中,视觉系统选择复杂信息界面中的单个目标信息是存在困难的,因为信息之间的动态交互以及不同的编码视觉特征都会抑制视觉注意。当视觉系统面临着同时处理大量信息的问题时,必须能够尽可能有效地对相似信息集合进行视觉统计分析,这样才能够更准确地提取某个信息集合中的目标信息。然而,视觉系统是否以及如何使用全局编码来获取相似信息特征却很少受到关注,目前也未有研究揭示这种统计能力如何与全局编码的基本机制相关联。

（3）冗余视觉特征编码

全局编码的建立一定随之带来信息的冗余，所以需要对冗余编码有一定的分析和理解。在计算机编程中，冗余编码是计算机程序中的源代码或编译代码，它是永远不会被执行的代码或是执行但不受外部影响的代码[110]。在复杂信息界面中，冗余编码是使用多个视觉特征，例如利用颜色和位置，颜色和方向，颜色、方向和位置的组合等来编码或者表征信息集中的变量。例如，在二维散点图中，$x$ 轴值可以用颜色、形状或者颜色和形状的组合形式表示，如图 2-6(a)中用单一视觉特征编码中的形状编码表示故障概率和失效概率之间的相关性，图 2-6(b)中用单一视觉特征编码中的颜色编码表示故障概率和失效概率之间的相关性，图 2-6(c)中使用冗余编码（颜色＋形状）来表示故障概率和失效概率之间的相关性。对散点图中故障概率和失效概率之间相关性的识别判断是对全局编码感知的结果。

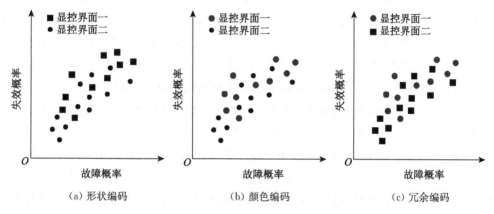

图 2-6　单一视觉特征编码和冗余编码的对比案例

目前没有明确的研究表明冗余视觉特征编码一定会抑制视觉搜索，单一视觉特征编码一定会引导视觉搜索。一些界面研究学者[111]认为，某些冗余编码可以提高信息提取的准确性（将目标信息视觉选择的准确率提高 25%），从而实现更快的界面分割任务。例如，航空公司飞行员为了在传输语音信息时进行通信，会用 Foxtrot、Romeo 或 Tango 等单词替换单个字母，以引入有关字母的冗余信息[112]。与此类似，通过复杂信息界面呈现多维信息集合的时候，冗余编码也许能够在噪声中提高信息处理速度，但在低噪音环境中，冗余编码也可能会分散用户的注意力，降低信息处理速度。

冗余编码在复杂信息界面中的成功应用，得益于人类视觉系统中的并行架构能力，它可以进行广泛的信息处理以及统计信息的计算，如信息集中的平均值、极值和分布趋势等[113-114]。图 2-7 显示了基于不同冗余编码方式的复杂信息界面形式，它们采用颜色、位置、尺寸和形状等冗余编码形式表征信息。冗余编码对信息的有效提取有时是有益的，因为它可能有助于感知分割不同的集合，帮助将图例链接到信息，或者增强信息关系的记忆。但冗余编码带来有效集合分割的同时，其信息显示的复杂性也会提高，会产生视觉特征的重叠，观察者可能分不清数据链接到具体哪个维度、每个维度所映射的具体信息等，因此降低了信息搜索效率。

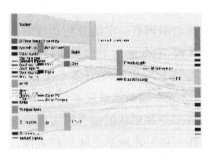 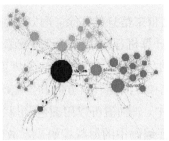 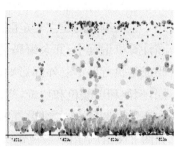

  (a) 桑基图       (b) 关系图       (c) 散点图

**图 2-7　基于不同冗余编码方式的复杂信息界面形式**

  尽管复杂信息界面经常涉及复杂而精细的信息转换、表征和交互,但它最终还是利用人类的视觉感知能力来帮助识别数据的趋势、模式和异常情况等,所以对全局编码和冗余编码的研究是必需的。但是全局编码、冗余编码与单一特征编码不同,它们会产生视觉特征重叠,并且复杂信息界面设计的研究工作已经有很长时间都仅仅基于单一视觉特征编码理论形成的界面评价体系和设计指南,让设计师以此选择不同维度和数据类型的视觉表征形式,如 Cleveland[57] 等学者提出的经典单一特征的编码感知理论(例如单一颜色编码和单一形状编码)等。这些研究发现,对于单个数据值的表征,空间位置编码是最精确的编码方式,色彩饱和度是最差的编码方式。但是,针对单一特征的编码理论形成的排序结果对于视觉特征重叠的全局编码和冗余编码来说已不能完全适用。因此我们需要通过实验研究单一特征编码理论是否在全局编码上具有鲁棒性,如果没有,需要建立新的编码策略用来指导复杂信息界面设计。

### 2.2.1.3　界面信息表征过程

  复杂信息界面可以被描述为将问题转化为图形表征形式,以便视觉系统进行信息抽取。换句话说,复杂信息界面的目的是将给定的问题转化为人类可理解的视觉和认知语言[115]。给定设计的有效性,也就是给定的图形表征形式,是否能让已存的人类视觉感知和认知机制参与到界面的任务中。可以假定给出 5 组界面信息量级和信息决策正确率的关系图,当界面信息量级和信息决策正确率关系如图 2-8(a)所示时,两者之间的关系会通过图示明确显示,当界面信息量级和信息决策正确率关系如图 2-8(b)所示时,几乎不可能看出两者之间的关系。该案例表明,复杂信息界面设计是否有效取决于哪种图形表征形式更适合界面任务的感知机制。

  由此可知,将一个给定的界面任务转换成视觉感知和认知过程需要经过三个阶段,如图 2-9 所示:(1)在信息集表征阶段将元信息集整合处理,确定有效目标群与干扰目标群;(2)在图形表征阶段,将信息集合通过有效的图形结构形式表征;(3)在视觉表征阶段,对图形进行视觉特征表征,根据不同的复杂信息界面任务,确定不同的视觉编码形式。其中界面信息表征过程中的信息流不是单向,而是可以交互的,非静态下的交互过程必然涉及人类对信息的感知和认知机制。

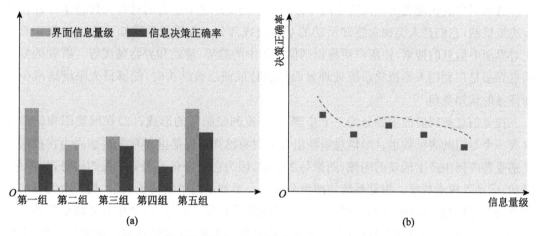

图 2-8 界面信息量级和信息决策正确率的关系图显示形式

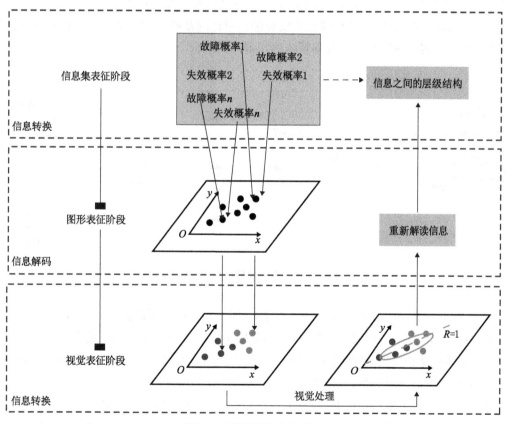

图 2-9 界面信息表征过程

## 2.2.2 视觉信息感知解码阶段

和人类大脑的内部构造相对比,信息显示界面作为一个外部的信息决策工具,提供了从计算机到用户的快速通道。大脑中用于分析信息的 200 亿个左右的神经元提供了一种自适应决策机制,它们是人类视觉感知活动的基本组成部分。改善视觉感知系统往往意味着优化对界面中信息的搜索,使用户更易识别信息集中的趋势、模式和异常情况等。有效的复杂信息界面是在利用人类视觉系统处理界面信息特征或层级结构时,能够最大限度地减少界面任务的认知负荷[116]。

视觉信息解码阶段主要分为三个步骤:(1)视网膜图像的形成;(2)视网膜图像信息分解成一个专门的表征数组;(3)信息重新组合的对象感知。视觉世界首先被编码为在视网膜光感受器阵列中产生活动的图像,图像是多维的,因为它包含有关大量属性的信息,如颜色、形状、运动等视觉特征。视觉系统将图像分解为一系列更简单的特征表示,然后由大脑的不同部分并行处理。在稍后的某个阶段,视觉系统将重新组合信息,以产生对外部信息的一致感知。视觉研究人员试图通过分而治之的策略来理解大脑,就像任何复杂的系统一样,大脑作为一个准确独立模块的集合,执行不同的视觉功能,如图 2-10 所示。理解界面信息感知解码可简化为与指定信息功能模块的交互。许多视觉处理发生在大脑以外的视网膜内,在这里,受体与水平细胞结合,从而建立亮度和颜色对比的基础。复杂信息界面视觉表征的优劣,完全取决于视觉编码与人类视觉系统感知解码的耦合。

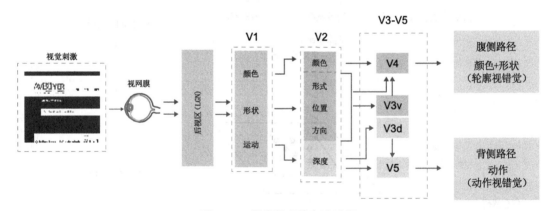

图 2-10 视觉处理信息流过程

人类的思维就像一台计算机或信息处理器,即人们仅仅对刺激做出反应,这是视觉信息感知解码的基本思想。这些理论将思维机制等同于计算机的运算机制。感官(输入)收集的信息,由大脑存储和处理,最终带来行为反应(输出)。目前信息感知解码处理模型主要有多存储模型和多层级模型两类,如图 2-11 所示。

信息感知处理模型最初引起注意的是 Atkinson 和 Shiffrin[117]的信息线性处理模型,它提出了一种"输入-处理-输出"的顺序方法。首先假设内存由两个主要部件构成,短期记忆(STM)存储器和长期记忆存储器(LTM)。短期记忆(STM)存储器的存储空间有限,数据首先输入到短期记忆(STM)存储器中,随后被传递到具有无限容量的长期记忆(LTM)存储器中。虽然该模型有较大的影响力,但这一理论的线性度降低了人脑的复杂性,因此随后又扩展出了其他的理论作为补充,以进一步理解信息解码的过程。随后出现的信息处理多层

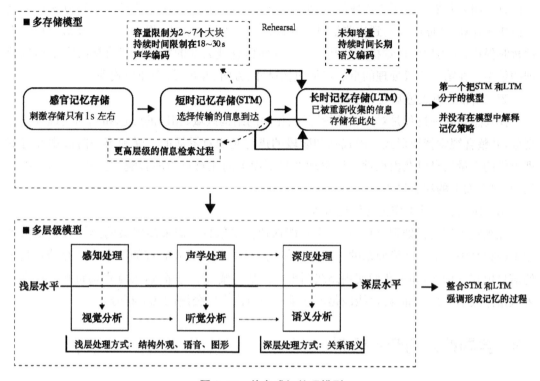

图 2-11　信息感知处理模型

次模型强调,信息以各种方式扩展处理,且这些方式影响了以后获取信息的能力。它们侧重于内存中涉及的处理深度,并预测处理的信息越深,内存追踪的持续时间就越长[118]。例如,界面上短暂出现的目标图形的处理级别如下所示:首先,浅(结构)处理侧重于界面目标图形的物理特征(目标图形所处的空间位置);中间(音位)处理侧重于音位编码(目标图形短暂出现的音效);深度(语义)处理侧重于语义编码(目标图形所代表的语义信息)。

## 2.2.3　视觉信息分析阶段

视觉信息分析主要分为三个阶段。第一阶段主要是视觉并行处理信息的过程,以提取界面的基本视觉特征为主;第二阶段主要是视觉模式感知的过程,对整体信息结构进行提取、分割或者组合,并将视觉场景分为不同颜色、纹理和运动模式的区域;第三阶段是视觉工作记忆的过程,信息被简化为视觉工作记忆中能够保存的少数对象,这一阶段是注意机制构成视觉思维的基础。

第一阶段:视觉并行处理过程

视觉并行处理过程主要是提取视觉场景中低级属性的过程。视觉信息首先通过视觉皮层到达大脑,神经元进行初级信息处理。单个神经元被选择性地分配到某些类型的信息,例如颜色、方向等。在第一阶段处理中,数十亿个神经元同时并行工作,从视野中提取视觉特征。无论我们喜欢与否,这种并行处理都会快速进行,这在很大程度上独立于我们选择的目标信息。如果我们希望用户快速提取到某些信息,我们应该使这些信息以某种方式在大脑中被快速计算,并能够检测到这些信息。在快速并行处理过程中,提取的信息在短时记忆中被暂时保存,作为理解视觉特征的基础。而这些信息被表征的特征形式直接决定了信息处理的效率。在第一阶段处理的重要特征包括尺寸、方向、颜色、纹理和模式等。

第二阶段:模式感知处理过程

模式感知处理过程是对连续的轮廓线、相同的结构区域、相同的颜色和相同纹理等进行划分,并整合视觉特征形式。模式感知阶段的进行是相对灵活的。受到第一阶段中并行处理提供的大量信息以及由视觉查询驱动的自下而上的注意行为的影响,这一阶段属于串行处理、自上而下的注意过程。

第三阶段:视觉工作记忆处理过程

在视觉工作记忆处理过程中,一次只能保留少量信息。而最高层级的感知过程是由视觉工作记忆中的信息转换而来的。视觉工作记忆可以提供视觉查询的答案以及存储在其中的信息模式。例如,如果我们使用路线图来寻找某一城市中的路线,视觉查询将触发搜索代表城市路线的红色轮廓(红色线段是连接某一城市内主要公路的视觉符号)。

## 2.3 全局编码的产生机制

### 2.3.1 全局编码的概念提出

人类能够从复杂信息界面的信息集合中提取各种信息,这包括从干扰信息中识别和提取目标信息、理解信息的结构层级关系或从信息集合中获取统计信息,例如平均值、极大值、极小值、异常值等。为了形成对复杂信息的感知理解,视觉系统压缩环境结构以帮助准确和有效地表征观察到的视觉刺激。复杂信息界面包含许多视觉特征或者层级结构相似的信息集合,而视觉系统是有容量限制的,不能同时精确地编码每一个信息,全局编码作为计算相似特性集合的一种能力,它可以有效统计并评估信息。

关于全局编码的早期研究,是由于人类可以在模糊的图像中快速收集到对信息集合的理解或简单的分类。在这些研究中,参与者可以在图形呈现 100 毫秒之后快速识别整个场景的语义类别以及对象的属性信息。在复杂信息界面中,全局编码研究的重点是理解界面信息集合的统计内容,以及这些统计如何用于有效编码和信息表征。基于 Shannon 开发的信息理论,已经提出视觉系统可以通过信息集合的统计内容有效表征信息。Ariely[109] 的研究发现,当被试查看包含不同尺寸以及不同数量的多组刺激时,他们可以很容易地推断出每组刺激的平均大小,但是编码每个单独的视觉刺激时,他们提取具体尺寸的能力就会降低。所以全局编码是可以降低信息冗余的。

### 2.3.2 全局编码的感知基础

全局感知是区分或再现全局编码的能力。全局感知需要整合多组信息。视觉系统对信息集合的统计能力相较于处理单个目标信息来说更精确。目前全局感知研究只是针对信息分布的平均值估计,但是复杂信息界面中异常值判断、不同信息集合的量级选择等作为量化多维信息偏差趋势的指标,会成为未来的研究热点。全局视觉特征编码和单一视觉特征编码的异同点如表 2-1 所示。

表 2-1　全局视觉特征编码和单一视觉特征编码的异同点

| | 属性 | 全局编码 | 单一编码 |
|---|---|---|---|
| 不同点 | 编码方式 | 单一/组合视觉特征 | 单一视觉特征 |
| | 编码优先级 | 高 | 低 |
| | 感知目的 | 区分或再现统计信息 | 提取目标信息 |
| | 感知条件 | 全局感知需要整合多个特征编码 | — |
| | 视觉处理顺序 | 全局编码和单一编码没有绝对的先后顺序、各自顺序不同 | |
| | 视觉处理阶段 | 平行处理阶段 | 平行处理阶段<br>模式感知阶段<br>工作记忆阶段 |
| 相同点 | 1. 不同的视觉特征都会影响编码结果<br>2. 两者的感知结果都可以通过实验量化 | | |

## 2.3.3　全局感知理论与层级分类

视觉感知理论影响我们理解视觉搜索,纹理、深度、场景感知,物体识别和空间视觉的方式。虽然格式塔现象学有助于定义对象感知的一些基本原则,但该领域的研究人员并未考虑到全局感知。所以目前全局感知理论主要还是以自下而上的直接感知理论、自上而下的间接感知理论以及信息整合理论为主。目前复杂信息界面研究的一个主要感知问题是感知在多大程度上直接依赖于刺激中所呈现的信息。一些人认为感知过程不是直接的,而是取决于感知者的期望、先前的知识以及刺激本身中可用的信息。这个争论是围绕吉布森和格雷戈里的理论展开的,吉布森提出了"自下而上"的直接感知理论,格雷戈里提出了"自上而下"的建构主义,也就是间接感知理论[119]。"自下而上"处理也被称为数据驱动处理,因为视觉感知从视觉刺激本身开始。视觉处理是沿视网膜到视觉皮层的这个方向进行的,视觉通路中的每个连续阶段对输入进行逐渐复杂的分析。"自上而下"处理指的是上下文信息在模式识别中的应用。例如,阅读完整的界面布局形式比阅读界面中的局部布局更易理解界面所传达的整体信息,这是因为周围布局的形式为理解提供了上下文。而整合理论由 Norman H. Anderson[120] 提出,用于描述和模拟用户如何整合多个来源的信息以便做出总体判断。该理论提出了三个基本函数:评价函数 $V(S)$,整合函数 $f = g\{s_1, s_2 \cdots, s_n\}$ 和响应函数 $F = I(f)$。信息整合理论与其他理论的不同之处在于,它不是建立在一致性原则上,而是依赖于数学模型。该理论也被称为功能测量理论,因为它可以提供有效的刺激比例值。

全局感知层级主要分为三类：(1)低水平全局感知：针对视觉特征(运动、方向、明度、色相和空间位置)的变化进行感知；(2)中水平全局感知：针对平均数量和平均尺寸的感知；(3)高水平全局感知：针对信息趋势和表情识别等的复杂感知。大多数全局感知研究都集中在对一个特定集合的特定刺激组感知(例如，平均尺寸)。在面对信息量复杂的显示界面时，未来的研究应该探索高水平全局感知和视觉容量限制的问题。

## 2.4  全局编码感知差异的形成因素及量化方法

### 2.4.1  信息提取的物理层面约束

信息提取的物理层面约束主要有显示界面承载的数据量、像素和显示尺寸。当然这些物理层面的影响大小也取决于视觉认知的局限性，就如有一个最多可以呈现 20 万行数据(原始数据或已处理的数据)的显示系统，数据库将超过 20 万行数据传输到该显示系统是没有意义的。因为将数据从数据库传输到界面系统一定会存在损失消耗，所以只有将数据库传输的数据量进行最小化处理才会提升整个系统的性能。目前一般使用抽样、聚合技术，选择最具代表性的原始数据元素，抑或是将每一行的数据进行平均化。这意味着大多数数据处理都是在数据库系统中进行，只有计算后的数据才会传递给界面系统。例如界面上显示两个看起来非常相似的图像，然而，其中一个图像比另一个图像的分辨率大得多，如果用户不能感知两个图像之间的差异，就会不断降低图像的分辨率来满足数据量的最大化承载。

### 2.4.2  信息提取的视觉层面约束

信息提取的视觉层面约束主要受视觉拥挤和信息冗余的影响。(1)视觉拥挤：在全局编码的背景下首先要考虑的感知现象就是视觉拥挤。视觉拥挤是由于临近信息的存在，损害了对目标信息集合的辨别能力。视觉拥挤对单个信息的编码是有害的，这是因为拥挤会破坏连续的注意力选择。然而，最近的研究结果表明，信息拥挤实际上可能有助于视觉的"分块"过程，更好地实现全局表征。但是这些发现只解决了相似信息拥挤的问题。(2)信息冗余：在信息论中，信息冗余是指传输消息所用的数据位数目与消息中所包含的实际信息的数据位数目的差值。在复杂信息界面全局编码的过程中，信息冗余是指将单个信息编码分为两个或多个视觉变量。有些视觉编码中的信息冗余对信息显示是有帮助的，通过添加冗余信息或冗余编码来提高用户正确地识别界面信息的效率。但是如果界面通过引入一个不相关的冗余编码来实现它的视觉吸引力，这只能降低界面解码的准确性。信息冗余在改善界面设计方面的有效性取决于编码的数量、编码的质量以及每个编码误差之间的关系。表 2-2 列出了四个视觉变量的感知正确率排序，在这些变量中，位置是最精确的编码形式，面积是最不精确的编码形式。但在气泡图中，冗余编码与最不准确的编码形式(面积)组合会比与最准确的编码形式(位置)有更高的绩效。

表 2-2　冗余编码组合预测形式

| 感知正确率 | 单一编码(视觉变量) | 冗余编码(视觉变量) | 界面种类 |
| --- | --- | --- | --- |
| 1 | 位置 | 位置+颜色 | 散点图 |
| 2 | 长度 | 长度+颜色 | 柱状图 |
| 3 | 角度 | 角度+颜色 | 饼状图 |
| 4 | 面积 | 面积+颜色 | 气泡图 |

### 2.4.3　信息提取的感知层面约束

在有限的显示界面中,如果同时呈现多组信息集合,信息提取的效率自然就会降低,为什么大数据背景下的多维信息的感知是个难题,因为我们可以容易地感知空间轴上表征的两个变量,但是并不能很容易感知更高维度的信息。由于人类视网膜图像中只有两个直接表示的空间维度,因此观察者在处理界面超过两个空间维度的信息时就会遇到问题。目前有两种策略解决这一难题:一种是针对多维复杂信息,提供不同的动态交互界面表征不同的信息层级,例如可以将复杂信息分解为相对简单的二维或三维图形组;另一种是以不同的结构形式或粒度呈现不同的视图。无论哪种情况,观察者都必须集成空间和时间上分布的信息。虽然这些策略的成功程度各不相同,但很明显,目前信息显示设计中的第三维度几乎都是通过深度来添加。毕竟没有研究结果证实我们可以同时处理不同维度的信息,也没有结果显示视觉系统能将对空间的尺寸的感知与对形状、色调、亮度等非空间的感知相分开。

人类感知的差异性也与不同的界面任务有关,有研究表明,人类在全局任务中更擅长相对值判断任务而非绝对值判断任务。任务的持续时间也影响感知差异,因为从人类生理角度,我们的视神经中大约有 50 万~100 万根纤维,并需要至少 100 ms 的积累期来记录视觉刺激。

### 2.4.4　全局编码的感知差异量化理论

目前全局编码的感知差异量化理论主要分为以下几种:

(1) 近似数字系统(Approximate Number System,ANS)理论[121]:近似数字系统(ANS)是一种人类认知系统,它并不依赖于语言或特征符号来检测信息与信息之间的差异。研究表明,ANS 的测试精度大约为 0.15,这意味着一个成年人在不需要精确计算的前提下,可以对 100 个和 115 个信息的大小作出判断,当然这也取决于两组信息之间的感知差异比例。

(2) 韦伯线性定律(Weber's Law)[122]:信息之间的感知差异比例由韦伯首先提出,ANS 产生的行为也是服从韦伯定律的。被试区分两组信息大小的能力并不取决于信息的总数或它们之间的绝对差值,而是两组信息之间的比率[123-124]。感知差异的量化通常用差异阈值 JND(Just Noticeable Difference,最小可觉差)来衡量。JND 首先是由 Weber 在 18 世纪定义,被称为韦伯定律:

$$\Delta I = K_\omega I \qquad (2\text{-}1)$$

在公式(2-1)中，$I$ 表示特定刺激的原始强度，$\Delta I$ 表示人类感知差异最小量所需的变化量(JND)，$K_\omega$ 是差异阈值与原始刺激的比值（JND/$I$），称为韦伯分数，韦伯分数通常用百分比表示。从韦伯公式可以看出，其与线性公式：$y = m \times x + b$ 非常相似，说明韦伯定律可以看作是线性定律，其中斜率 $m$ 可看作是韦伯分数 $K_\omega$，截距 $b = 0$。

一般来说，韦伯定律的线性关系适用于不同的物理尺度。我们已经知道韦伯定律适用于两个维度，所以可以通过比较韦伯分数来获知我们对这些维度变化的感知敏感性的差异。有些被试可能会很容易的区分出物体之间的比例，但有些被试可能会很难区分。内部 ANS 表征的敏锐度会被量化为个体的韦伯分数 $K_\omega$，韦伯分数越大表明在感知目标信息过程中有越高的不确定性，也就是有相对较差的识别绩效[125-127]。这些关系表明感觉刺激和人类感知之间的关系，成为量化复杂信息界面设计优劣的基础。

（3）费希纳对数定律：费希纳定律是在韦伯定律的基础上作出的假设，是表示感觉强度和刺激强度间函数关系的定律。视觉反应感知量度 $R$ 和视觉刺激物理强度 $I$ 的关系如以下公式所示：

$$R = K_\omega \log(I) \qquad (2\text{-}2)$$

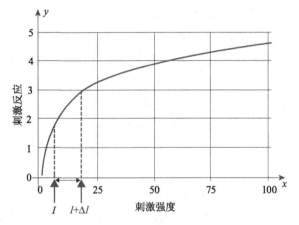

图 2-12　视觉反应感知量度 $R$ 和视觉刺激物理强度 $I$ 的关系

由公式(2-2)可知，心理量（感知量）是刺激量的对数函数，即当刺激强度以几何级数增加时，感觉的强度以算术级数增加。如图 2-12 所示，判别差异阈值 $\Delta I$ 是 $I$ 和 $I + \Delta I$ 之间在 $x$ 轴上的距离。

两个刺激的响应量相差一个常量，我们称之为 $\Delta R$，所以当 $\Delta I$ 代表差异阈值时，费希纳定律成立，那么：

$$\Delta R = \log(I + \Delta I) - \log(I) \qquad (2\text{-}3)$$

利用对数法则，我们可以将其改为：

$$\Delta R = \log[(I + \Delta I)/I] \qquad (2\text{-}4)$$

把底数 e 添加到等式两边，得到：

$$e^{\Delta R} = e^{\log((I+\Delta I)/I)} \qquad (2\text{-}5)$$

因为 $\Delta R$ 是常量，我们可以简化一个新的常量 $K = e^{\Delta R}$。根据对数的定义，对于任何 $x$，$e^{\log(x)} = x$，所以可以改写为：

$$K = (I + \Delta I)/I$$
$$KI = I + \Delta I$$

$$(K-I) = \Delta I/I = K_\omega \qquad (2-6)$$

韦伯定律和费希纳定律的区别可以表示为图 2-13 的形式。

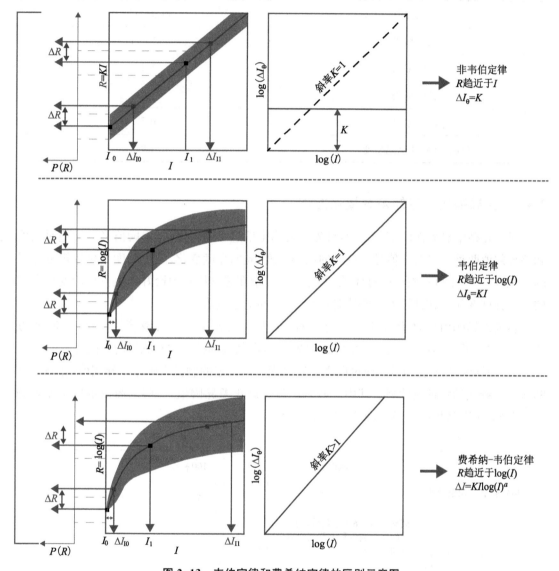

图 2-13　韦伯定律和费希纳定律的区别示意图

（4）史蒂文斯幂律[128]：史蒂文斯幂律是物理刺激的强度与人们感受到的强度之间的函数关系，它可以用于描述比 Weber-Fechner 定律更广泛的感觉系统。该幂律的一般形式如下所示：

$$\varphi(I) = KI^a \qquad (2-7)$$

其中 $I$ 是物理刺激强度，$\varphi$ 是捕捉感知的心理物理函数（主观的刺激大小），$a$ 是取决于刺激类型的指数，$K$ 是比例常数，取决于感知刺激的类型和使用的单位。目前已有的复杂信息界面中常用到的指数 $a$ 的取值如表 2-3 所示。

表 2-3　不同编码类型的指数值

| 编码类型 | 指数（$a$） |
|---|---|
| 亮度编码 | 0.33～1 |
| 明度编码 | 1.2 |
| 长度编码 | 1 |
| 面积编码 | 0.7 |
| 颜色编码（红色饱和度） | 1.7 |

### 2.4.5　全局编码的感知差异量化方法

量化复杂信息界面的信息感知，首先需要确定信息感知阈值，其中阈值又分为绝对阈值和差异阈值两种。绝对阈值是指刺激的最小强度（光的亮度变化，颜色明度变化等视觉变量的变化）产生一个可检测的感官体验，差异阈值是指在感官体验中恰好产生可检测变化所需的最小强度变化。在计算差异阈值时，会产生不同的锚定值。

目前差异阈值的计算方法主要有三种，最大似然方法[129]、收敛算法[130]和贝叶斯方法[131]。测量差异阈值的实验方法主要有两种，恒定刺激选择范式和刺激阶梯变化范式。

（1）恒定刺激选择范式：通过向观察者呈现一组恒定的刺激来确定差异阈值，让被试判断哪一个刺激的物理属性高。其中一些刺激设定高于差异阈值，一些刺激设定低于差异阈值，刺激集是以随机顺序呈现，如图 2-14 所示。

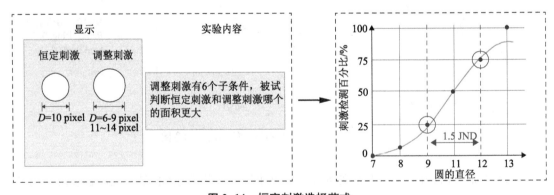

图 2-14　恒定刺激选择范式

差异阈值 JND 由刺激反应时间的 75% 减去刺激反应时间的 25 除以 2 求得。在图 2-14 中，圆形直径的差异阈值 JND 计算结果为 $(12-9)/2=1.5\text{pixel}$，韦伯分数的计算结果为 $1.5/10=0.15$，也就是说被试能够精确地检测到刺激强度 15% 的变化。

（2）刺激阶梯变化范式：刺激阶梯变化范式主要通过向被试呈现不同大小的刺激，让被试判断哪个物理属性更大。刺激阶梯变化范式和恒定刺激选择变化范式最大的区别是，如果被试做出了正确判断，那么调整刺激的直径大小会相应地减少一定的步长，再进行下一组实验；如果被试做出了错误判断，那么调整刺激的直径大小会相应地增加一定的步长。刺激阶梯变化范式的具体实验流程如图 2-15 所示。

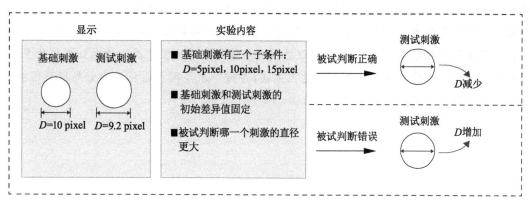

**图 2-15　刺激阶梯选择范式**

所有子条件实验完成后的阈值算法步骤如图 2-16 所示，调整与基础刺激的直径差异值，直到子窗口平均值的方差为子窗口平均方差的 0.25 时，也就是当被试判断精度稳定在 75％时，JND 就被测出。

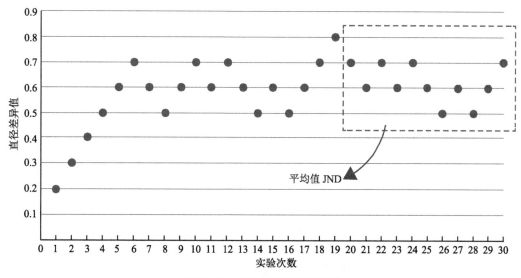

**图 2-16　差异阈值算法阶梯图**

## 本章小结

本章首先对复杂信息界面系统的运作方式和视觉信息处理过程进行了阐述,重点围绕视觉信息编码表征过程中的视觉编码变量分类和视觉信息编码维度分类,以及视觉信息处理过程中的感知解码阶段和视觉信息分析阶段等进行了深入梳理。基于此,引出全局编码的产生机制,包括全局编码的概念提出、全局编码的感知基础、全局感知模型和层级分类等,明确了全局信息的表征特点。进而深入探究了全局编码感知差异的形成因素及量化方法,包括信息提取的物理层面约束、信息提取的视觉层面约束以及信息提取的感知层面约束等。最后重点比较了全局编码的感知差异量化方法,为接下来不同界面任务中全局编码的感知差异量化规律研究奠定了全面的理论基础。

# 第三章 感知驱动的界面全局任务分类

在复杂信息界面中,任务是用户对界面信息执行的统计操作。本章首先分析了界面任务执行的目的和方法,以及任务执行的数据特征,进而探讨了感知驱动的界面全局任务分类,包括以用户行为为中心和以信息结构为中心。然后,对基于全局任务的界面设计有效性以及视觉特征对全局任务评价的影响等进行了深入剖析。最后构建了感知驱动的界面全局任务集。

## 3.1 界面任务概述

界面任务是指基于某种特定原因在界面信息表征上交互执行的活动。目前复杂信息界面通常存在两种方式进行视觉任务判断:一种是在界面中呈现原始信息,要求观察者判断信息的统计属性;另一种是先计算这些统计属性,然后在界面中呈现计算后的衍生信息供观察者判断。例如,如果设计者明确知道观察者正在试图寻找显示界面中的数据最大值,他们可以选择一种有助于对最大值视觉搜索的编码形式,也可以直接对最大值进行计算和编码。如图 3-1 所示,不同任务的目标信息采用不同的编码形式,如位置编码或者颜色编码等。虽然这样的搜索结果是相对精确的,但前提是需要事先知道哪些信息属性与任务相关。不论是哪种视觉任务判断方式,都需要在设计和任务之间进行良好的匹配。然而,除了针对特定任务设计的具体实例之外,目前很少有学者探索不同的编码形式是如何应用于不同的全局任务中的。作为用户执行视觉统计过程的任务形式,我们必须首先理解不同类型全局任务的特点,才能更好地设计界面信息编码形式。

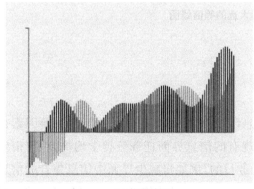
(a) 位置编码

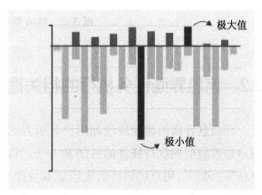
(b) 颜色编码

**图 3-1 不同编码形式表征不同的统计数据**

在复杂信息界面中,任务是用户对界面信息执行的统计操作。如图 3-2 是 2016 年美国大选的等值线图,其中视觉编码表征了两个基本信息属性,即候选人和竞选胜利的边界,并使用两个颜色变量表征每个州。假设界面统计任务是比较加利福尼亚州和明尼苏达州的选举结果,那么首先识别具有高投票率的地理位置,然后估计两个州选举结果的平均值。目前在复杂信息界面、人机交互、制图和信息检索文献中的任务分类形式是不一致的,也有将上述案例中选举结果的统计任务划分为信息检索任务的。当然,如果用户不熟悉美国各州的地理位置,则对任务的描述就会有所不同,即用户在做统计任务时,必须在比较选举结果差异之前找到并标识这些州的地理位置。由此可见,当界面中有用户不熟悉的信息时,我们不能明确描述用户在界面中所执行的具体任务形式。

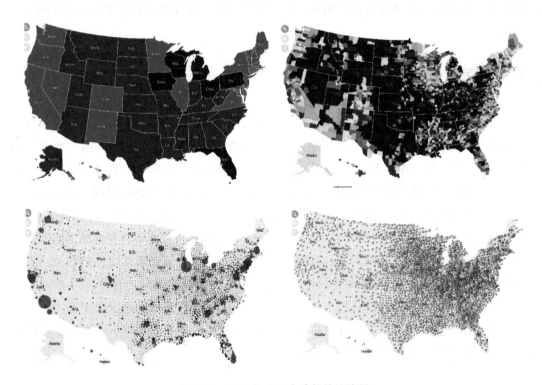

图 3-2　2016 年美国大选的等值线图

## 3.2　信息界面任务执行的相关理论

在信息界面的构建阶段和用户分析界面信息阶段中,限制界面任务执行的主要因素是用户是否能明确执行任务的目的和方法。许多现有的信息界面任务分类中均提到了"衍生信息"一词[132],用户可以将衍生信息本身作为任务目的,例如将减少界面中信息集合的信息层级作为任务目的;也可以将衍生信息作为实现另一个任务目的的方法,例如在界面的多维信息中验证某一信息簇存在的假设。所以用户能否明确执行任务的目的和方法,主要是能否理解为什么开展任务,明确任务的执行方式,以及确定任务的输入和输出。通过任务的执行目的和方法对任务进行分类,就可以使用不同的分析策略,这样有益于对界面的设计和评价。界面任务分类根据 Matthew Brehmer[133] 的理论包括三个最基本的内容:任务执行的目的、任务执行的方法以及任务执行的关联因素,如图 3-3 所示。

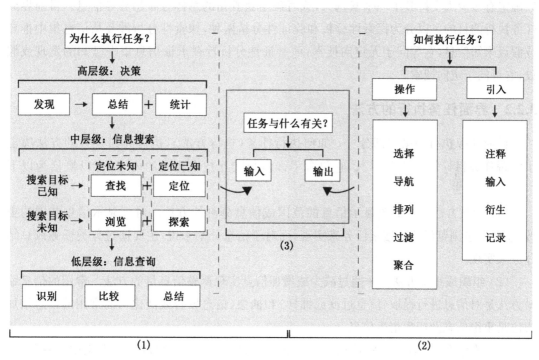

图 3-3　界面任务类型

## 3.2.1　界面任务执行的目的

界面任务执行的第一部分——为何执行任务(执行目的),它包含从高层级(决策)到中层级(信息搜索)再到低层级(信息查询)的过程。其中高层级的决策是界面用于在上下文中发现信息,进而总结、统计信息,在大多数情况下,这种决策是为了发现和分析新信息[134]。对于中层级的信息搜索,搜索已知的目标需要查找或定位,而搜索匹配特定特征的目标需要浏览或探索。仍然以图 3-1 为例,熟悉美国地理并在等值线图上搜索加利福尼亚州的选举情况,我们将其描述为一个查找任务,然而,一个不熟悉美国地理的用户必须先找到加利福尼亚州位置的行为,我们称之为定位任务。搜索目标的目的可能事先未知,用户可能是在搜索某一统计属性,包括特定值、极值、异常值、趋势或范围等,而不是参考该属性去执行其他类型任务。例如,在观察箱型图表时,如果观察者在极值位置没有发现异常值,我们将把它描述为浏览任务,因为箱型图中异常值的位置是预先知道的。探索任务与浏览任务不同,它需要搜索统计属性而不考虑它们的位置,通常从界面的信息整体感知开始,例如在散点图中搜索异常值、在时间序列数据的线性图中搜索异常峰值或周期模式,以及在等值线图中搜索空间关系模式等。对于低层级的信息查询,一旦找到一个目标抑或一组目标,用户将识别、比较及汇总这些目标[135]。识别、比较到汇总的过程对应着搜索目标数量的增加,其中识别指的是单个目标,比较指的是多个目标子集,总结指的是一组目标。与探索一样,用户可以识别一个州的选举结果,比较一个州与另一个州的选举结果,或者汇总所有州的选举结果,以确定有多少人支持其中一个候选人,或者确定获胜州的总体分布趋势等信息。目前界面任务执行的目的可以分为探索性分析和验证性分析两种,探索性分析涉及从信息集中推导或假设未知信息,它等同于无定向搜索;而验证性分析旨在求证信息集中已知的发现或假设,它等同于定向搜索。

### 3.2.2 界面任务执行的方法

界面任务执行的第二部分——如何执行任务(执行方法),执行界面任务的方法决定了实现任务目标的方法[133-136]。它包含了许多与交互技术相关的内容,可以概括为以下三类:

(1)导航方法——更改显示信息的范围或信息分割的方法。对于显示信息范围的更改,主要通过浏览任务或搜索任务来实现;而对于信息分割来说,主要通过分类任务或总结任务来实现。

(2)组织或重组方法——通过减少或增加信息实现调整信息量的方法。常用的信息缩减方法是对信息进行提取(信息过滤或抽样)和抽象(信息聚合或泛化),而常用的信息增加方法是重组信息及产生衍生信息。

(3)关系构建方法——将信息嵌入上下文中的方法。将信息放入上下文中,根据上下文关系对相似信息进行搜索和比较,找出信息之间的差异。

将上述执行界面任务的三类方法转化为用于操作界面中视觉特征的方法和用于将新的视觉特征引入界面中的方法,具体如表3-1所示。

表3-1 执行界面任务的方法汇总

| 操作 | | 引入 | |
| --- | --- | --- | --- |
| 选择 | 在界面中对一个或多个视觉特征进行划分,将搜索的目标与非目标进行区分 | 注释 | 添加与一个或多个界面视觉特征相关联的图形或文本注释 |
| 导航 | 在界面中对信息进行缩放、平移和旋转 | 输入 | 向界面添加新的视觉特征 |
| 排列 | 在界面中对视觉特征的重新组织过程,用于用户重构界面中的空间布局形式 | 衍生 | 通过计算现有的信息生成衍生信息,一般界面中的衍生信息指的是视觉统计后的信息 |
| 过滤 | 调整界面中视觉特征的排除和包含标准,明确界面中的隐藏信息 | 记录 | 保存或者捕获界面信息的方法 |
| 聚合 | 在界面中通过调整视觉特征粒度,聚合相似信息 | | |

## 3.3　感知驱动的界面全局任务分类

目前对信息界面任务的分类研究,通常从基于用户的分析活动(以用户行为为中心)和复杂信息界面设计的表征(以信息结构为中心)两方面展开。

### 3.3.1　以用户行为为中心的界面任务分类

以用户行为为中心的任务分类方法主要基于不同的界面任务,通过观察用户行为,整合不同的任务类别,建立统一的周期重复性任务。以用户行为为中心的任务分类通常采用亲和关系图的方法[137],将相似的问题分组,并根据每个问题的核心目标进行迭代,如图 3-4 所示。

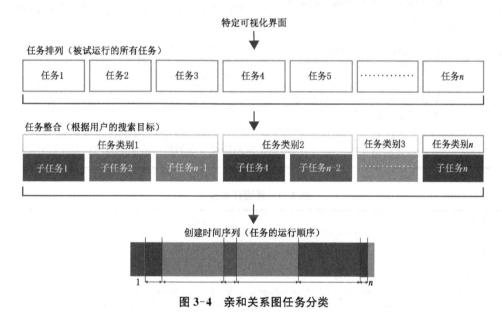

**图 3-4　亲和关系图任务分类**

以用户行为为中心的任务分类的前提是:用户目标通常被认为是静态的,并且只有在它们映射到底层界面任务时才被显性处理,而且往往只使用在有限的任务范围。

目前针对不同的复杂信息界面,以用户行为为中心,重复性最高的 10 项界面任务分别为:信息检索、信息过滤、计算衍生值、查找极值、查找异常值、分类排序、范围确定、表征分布、聚合以及关系识别,如表 3-2 所示。对每个界面任务的描述,都可以用表 3-3 中的术语[138]。

**表 3-2　界面任务分类**

| 任务类别 | 抽象形式 | 关　　系 |
|---|---|---|
| 信息检索 | 检索信息集合 $A$ 中的某一属性值 $a$ | 常用作其他任务的子任务 |
| 信息过滤 | 哪些信息集合满足条件{1, 2, 3, …} | 依赖于根据某一条件对信息集合进行分类,该条件可以独立于信息集中的任何其他信息进行测量 |

| 任务类别 | 抽象形式 | 关　系 |
|---|---|---|
| 计算衍生值 | 计算一组给定的信息集合中聚合函数 $F$ | 计算衍生值(如总数和平均数等)是信息分析中的主要任务,可实现对信息本身的观察 |
| 查找极值 | 查找信息集合 $A$ 中的极大值/极小值 | 不同于"查找异常值",因为异常值不仅仅是极值 |
| 查找异常值 | 查找信息集合 $A$ 中的特殊值 | 信息集合中的异常值常为进一步的信息探索提供基础,该任务通常被认为是"表征分布"的补充任务 |
| 分类排序 | 对信息集合 $A$ 中按照属性值 $B$ 的分类排序 | 不常作为一个单独任务出现,当搜索多个极值时,其通常成为查找极值的基础 |
| 范围确定 | 确定信息集合 $A$ 中属性值 $B$ 的范围值 | 是能够理解界面中信息集合趋势或动态的重要任务 |
| 表征分布 | 表征信息集合 $A$ 中属性值 $B$ 的分布情况 | 和范围确定任务一样,是描述信息动态的重要任务,其也可以是隐含任务。信息之间的比较任务,可以理解为表征分布中的位置判断问题 |
| 聚合 | 聚合信息集合 $A$ 中与属性值 $B$ 相似的信息集合 $B'$ | 用户根据聚类属性的不同将相似的信息组合在一起 |
| 关系识别 | 识别信息集合 $A$ 中属性 $B$ 和属性 $C$ 之间的相关性 | 主要是构建关系属性的数学模型 |

表 3-3　界面任务描述

| 对象 | 任务描述 |
|---|---|
| 信息集合 | 信息集中的实体 |
| 信息属性 | 为信息集合中的所有信息测量的值 |
| 聚合函数 | 为一组信息集合中创建的函数(例如平均值、中位值以及极值等) |

## 3.3.2　以信息结构为中心的界面任务分类

以信息结构为中心的任务分类方法在信息界面的设计和评估中起着至关重要的作用,因为它们揭示并划分了可能发生的任务范围。Bertini[25]作为信息分析和表征的最早实践者之一,他把信息关系的构建理解为一个排列问题,提出了一种将有序信息、名义信息和标度信息区分开来的方法,并提供了根据标记尺寸将信息表示为柱状图和曲线阵列的准则。人们可以理解较低层次的分析活动,即从对图形标记的区分和排列中获得信息的结构。Andrienko框架[139]由数据模型和任务框架组成,任务框架采用功能方法来指定任务,每个任务包含两个组成部分,即获取的目标(未知信息)和信息需要满足的约束条件(已知条件)。Wainer[140]开发了探索性信息分析方法,他通过引入定量的方法减少图形中异常值的影响,例如在统计图形中强调汇总统计的界面技术,包括引入中位数的箱型图、引入回归模型拟合的根图和引入累积函数的帕累托图等,如图 3-5 所示。Shneiderman[141]通过信息类型分类法确定任务,该分类法将寻求信息的界面任务(浏览、缩放、筛选、关联、提取)与不同层级结构的信息(一维、二维、三维、多维、时间序列、网络、树)相对应。

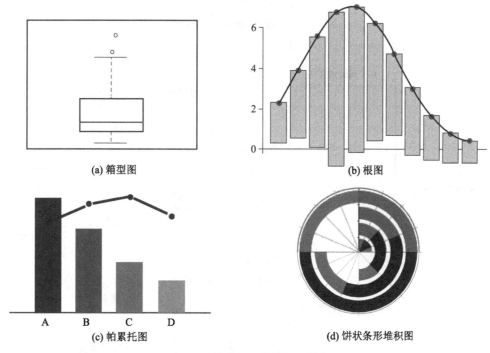

(a) 箱型图　　　　　　　　　　　(b) 根图

(c) 帕累托图　　　　　　　　　　(d) 饼状条形堆积图

**图 3-5　统计图形中的界面技术**

Andrienko 框架中的任务分类方法如图 3-6 所示,它是遵循 Bertin 的分类方法,主要根据信息结构对任务进行分类,并将分析信息类型(概要、基本区别)和呈现信息类型(参考组件、特征组件、关系等)视为任务目标或约束。如果要进一步基于信息区分,可以根据参考组件的组合对任务进行重新分类,包括节点、节点间隔、基本元素和如图形结构。以时间序列关系图为例,将参考组件组织的数据项划分为如图 3-7 所示的形式。节点之间的距离和节点之间的连接方式等关系任务也可以包含在界面任务中,并将它们统称为界面结构任务。

### 3.3.3　全局任务分类

在复杂信息界面中,视觉系统可以提取某个信息的视觉特征,例如信息布局的位置,也可以对信息的视觉特征并行处理并整合,例如信息集合平均值的估计或信息空间关系的提取。全局感知是视觉系统在信息统计整合中进行感知的过程,目前关于全局感知的研究大都集中在平均值感知上,而对于其他类型的全局感知,并没有系统的研究。为了解决复杂信息界面的全局感知问题,我们需要根据感知层级对全局任务进行分类。结合以上阐述的两种任务分类方法,可以看到不论是以用户行为为中心,还是以信息结构为中心的任务分类方法,全局任务(全局感知任务)都涵盖三个基本的视觉统计任务类别:信息识别任务(信息的筛选)、信息总结任务(信息的聚合)、模式判断任务(信息的关系识别)。

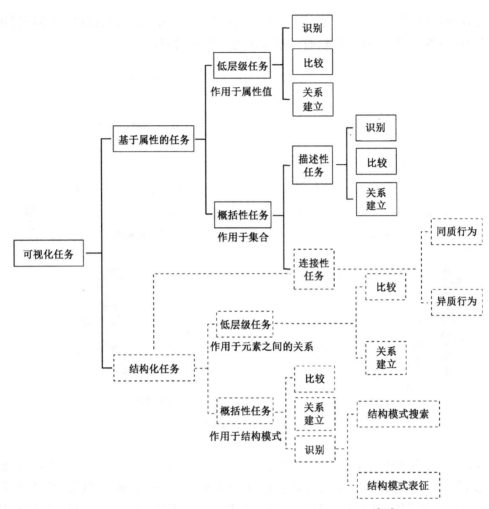

图 3-6  基于 Andrienko 任务模型的扩展界面任务分类[142]

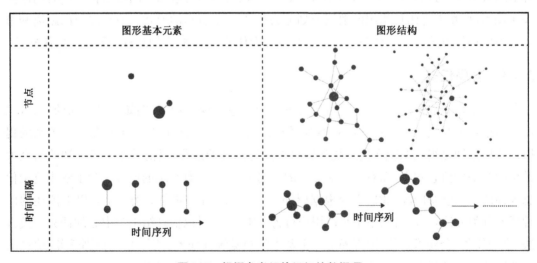

图 3-7  根据参考组件组织的数据项

　　（1）信息识别任务

　　信息识别任务要求观察者提取指定的目标信息,主要分为绝对值识别任务和相对值识别任务。在绝对值识别任务中,观察者将匹配信息的视觉特征进行提取。长期以来,大量学者一直在研究观察者提取单一目标信息的感知能力:当目标信息的视觉特征与周围干扰信息的视觉特征具有很大相似性时,搜索到目标信息的难度就会增大。在信息界面的设计上就应增大目标信息与干扰信息的视觉特征差异,即最大化与任务无关的视觉特征的差异,但是该做法已不适应于信息集成性高、信息维度高、交互性强的复杂信息界面的设计。所以在全局任务中,了解视觉系统是如何跨越多个视觉特征进行信息定位,探究用户如何整合不同的视觉特征进行信息识别,能为信息层级复杂、信息维度多的信息界面设计与评价提供理论支撑。相对值识别任务是依赖信息集的信息分布,识别在该信息分布中具有预先指定位置的信息,例如在条形图中,信息分布范围的确定需要同时选择最小值和最大值之后进行推算。

　　（2）模式判断任务

　　模式判断最普遍的任务形式是信息变量之间的关系判断,一般判断两个变量之间的关系需要将变量映射到笛卡儿坐标上。以散点图为例,$x$ 和 $y$ 之间的函数关系可以是线性的,也可以呈 U 型或对数关系,因此可以将对视觉系统判断不同信息变量之间关系的研究,过渡到对复杂信息界面中两组多维信息之间关系构建的研究中。

　　（3）总结任务

　　总结任务要求观察者提取信息集合的汇总属性,并在两组对象中作出属性值的大小判断,包括对两组对象之间平均值大小的判断、对象属性比率的大小判断或者对象数量总和的大小判断等。与提取对象子集的识别任务不同,总结任务是提取具有代表性的汇总值。例如,观察者可以通过比较条形图之间的数值差异来估计条形图中条形的平均高度,也可以通过比较两组散点图中散点的平均位置高低,估算两组散点的量级差值等。

## 3.4　全局任务的设计维度

　　全局任务执行的绩效与它们所涉及的信息层级结构、信息编码形式、信息密度、界面布局以及任务类型有关,想要提高全局任务执行的绩效,就需要理解全局任务与信息属性、界面的交互关系,如图 3-8 所示。研究哪种界面最适合在给定的输入信息上执行给定的全局任务是复杂信息界面设计的关键问题,同样地,研究在给定信息集的给定界面上可以执行哪些全局任务(评估任务绩效)是复杂信息界面评价的关键问题。因此,要对复杂信息界面进行有效的设计和评价,首先需要明确全局任务执行的设计空间框架,即全局任务设计维度,并基于不同的设计维度,对全局任务执行的内容有深入的理解。

　　不论是以用户行为为主的任务分类方法还是以信息结构为主的任务分类方法,共同点都是在描述任务的不同方面,这完全取决于执行任务本身。全局任务的设计维度就是将任务执行的不同方面结合起来,形成完整的设计空间框架。全局任务设计维度不同于前几节

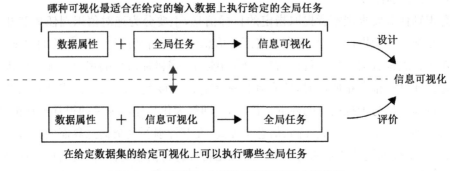

图 3-8　数据属性、全局任务与界面的交互关系

的任务分类法,它是一种假想的空间结构,遵循整体是若干独立部分的总和。一个完整的设计维度可以由4W1H——任务搜索的数据模式、任务执行的目标、任务搜索定位、用户类型以及任务执行的方法等五个维度构成。上述三类不同的全局任务,其设计维度也不同,可用表3-4概括。

表 3-4　全局任务设计维度

| 设计维度 | 全局任务 | | |
| --- | --- | --- | --- |
| | 识别任务 | 总结任务 | 模式判断任务 |
| 数据模式<br>(What) | 高层数据模式 | | |
| 任务执行的目标<br>(Why) | 根据数据集的分布式信息,识别与给定信息相匹配的点 | 从集合中提取描述集合的统计属性 | 捕获信息集合中的模式 |
| 任务的搜索定位<br>(Where) | 定位在指定的信息子集 | 所有信息集合 | 定位在不同的信息结构形式 |
| 用户类型<br>(Who) | 需要做视觉统计的用户 | | |
| 任务执行方法<br>(How) | 导航方法 | 重组方法 | 关系构建 |

## 3.5　视觉特征在全局任务中的应用

本章前面已经对全局任务进行分类,若要对不同类型全局任务的感知规律进行研究,需要了解视觉特征在全局任务执行中的绩效,因为视觉特征是界面中信息编码的重要载体,因此本节对常用视觉特征在三种不同全局任务中的应用进行分析。

信息界面设计可以促进实现快速的视觉搜索。传统的信息界面设计通常先给定一个按重要性排序的数据字段列表,然后将最高优先级的字段分配给最有效的视觉特征编码形式,并对下一个字段和剩余的编码通道重复这个过程。目前对于视觉特征如何影响界面任务的研究工作，大都试图量化被试在使用不同的视觉特征时如何编码信息的不同属性，一般只讨论单一的视觉特征，如单一的颜色、形状或者位置等，因此，这些研究的重点是识别单一值任务。在高集成性、高维度、强交互性的复杂信息界面背景下，原则上，其视觉统计结果可以直接显示在信息界面中，但是这些统计数据通常不足以描述所有的底层信息。以图 3-9 的三组散点图为例，其分别描述了最常见的散点图形式，设定三组散点图中 $x$ 和 $y$ 变量的皮尔逊相关性系数均相等，并且可以拟合成用同一函数表示的线性关系。但是，图中的每一个散点图都呈现出性质完全不同的关系模式，虽然有更复杂的视觉统计结果可以区分这些模式，但是如果没有界面任务来明确统计结果呈现的必要性，就不可能正确运行这些统计信息。

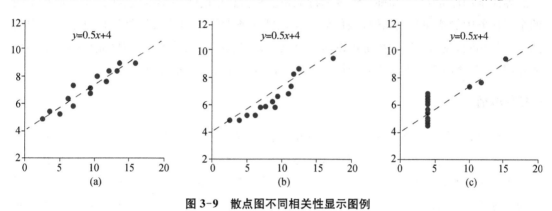

图 3-9　散点图不同相关性显示图例

图 3-10 描述了三种基本的视觉特征形式如何应用在全局任务中，图 3-11 展示了视觉特征应用于更复杂的信息界面的示例。在其他的复杂信息界面应用中，信息也可以被映射到其他多个视觉特征组合，例如颜色和位置、颜色和方向，以及位置和大小等，以支持各种全局任务。

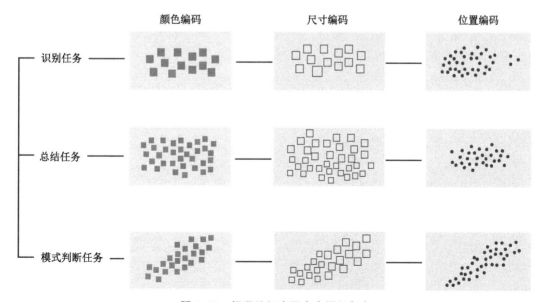

图 3-10　视觉特征应用在全局任务中

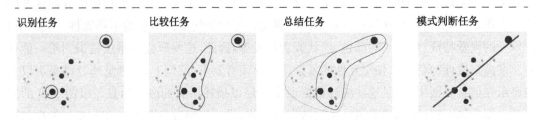

识别任务　　　　　比较任务　　　　　总结任务　　　　　模式判断任务

**图 3-11　使用颜色、尺寸和位置编码形式显示全国空气质量的分布状况**

全局任务要求在整个视野中对信息进行全局感知。那么在第 3、4 节已经确定的三种类型的界面全局任务中,选择哪一组视觉特征映射到信息集的哪些维度,这些视觉特征在不同的全局任务中的感知绩效如何,颜色编码在识别任务中的感知绩效是否与在总结任务中的感知绩效相同,我们的视觉系统可以通过全局感知提取哪些视觉统计信息(完成哪些全局任务)等都将对全局任务驱动的复杂信息界面设计以及评价起到指导意义。

## ‖ 本章小结

本章中,首先从界面任务执行的目的和方法、任务执行的数据特征等方面对复杂信息界面多层级的任务类型进行了深入分析,总结出全局感知驱动的界面任务分类形式,包括以用户行为为中心和以信息结构为中心。进而对基于全局任务的界面设计有效性和视觉特征对全局任务评价影响进行总结。最后提出全局感知的任务集,包括全局识别任务、全局模式判断任务和全局量级总结任务三大类。这为第4~6章对不同界面任务中全局编码的感知差异量化规律的探索做好了研究准备。

# 第四章　识别任务驱动的全局感知差异量化研究

本章首先介绍了时间压力的相关理论,具体包括时间压力在感知阶段的影响,时间压力与时间约束的区别,感知时间压力模型以及时间压力的测量方法等。在此基础上,分别进行了感知差异阈值测量实验(绝对值识别实验)和识别任务驱动的全局编码感知差异实验(相对值识别实验)实验,并针对实验结果进行分析和讨论,最后得到了基于绝对值识别任务和基于相对值识别任务的视觉特征感知规律和全局编码感知差异拟合关系,为识别任务驱动的全局编码提供了设计与评价指导。

## 4.1　概述

人类的视觉处理资源是有限的,视觉工作记忆的容量限制大约是 4~6 个对象[143]。尽管如此,我们仍然可以快速识别出信息界面中的视觉统计结果,而不受其周围复杂性的影响[144-145]。识别任务研究中的全局编码最初是面部表情的识别[146],研究结果表明表情集合的增大并不会影响面部表情的识别精度。对信息识别任务的最新研究[147-148]指出,样本信息的识别绩效从一组集合的 90% 下降到 3 组集合的 65%,但是将集合大小从 4 组增加到 16 组时,识别精度并没有受到影响。另外,对全局编码的感知过程被认为是一个视觉迅速处理的过程,仅用 50~70 ms 就可以对信息进行汇总,而单独信息的识别至少需要 300 ms 来确定。那么在理论上,识别过程中全局编码必须与单独信息的编码过程相分离,也就是说单一目标信息的识别过程需要从全局信息编码过渡到单一信息编码。如果全局编码是一个早期的视觉隐式前馈过程,那么为了防止感知阶段的信息识别过渡到认知阶段,首先需要在信息编码过程中设置不同的时间压力,并设置不同数量的信息集合,以研究其对单一信息提取的影响。所以需要研究在复杂信息界面全局编码过程中,信息数量和不同的时间压力是否会影响信息识别的精度;从一组信息中提取内容是否是一个连续注意的过程,并且在这个过程中,用户是依次将注意力集中在单个信息上,还是在整个集合中并行运行。

基于以上问题,本章通过设置不同时间压力和不同集合数量的全局编码信息识别实验,对识别任务下全局编码如何影响单一信息的识别进行研究,构建识别任务驱动的全局编码的感知规律和感知差异量化机制。

## 4.2 时间压力相关理论

### 4.2.1 时间压力在感知阶段的影响

当我们没有时间执行我们想要在给定时间段内执行的任务时,我们就会感到压力,这就是时间压力[149]。对时间压力的感知通常会触发一系列表明我们感到压力的心理反应。与时间约束不同[150],时间压力是一种高度个人主义的体验,不依赖特定事件,而是取决于引发压力反应的特定心理决定因素。在心理物理学实验中,当被试真实或可感知的时间(可用时间)少于完成任务的必要时间时,时间压力就会产生。根据 Bloss[149] 的说法,当执行任务所需的时间超过任务总的可用时间的 70% 时,人们就会感知到时间压力。时间压力作为一种心理压力,会让被试缩小视觉注意的范围,并可能破坏其连贯的视觉思维方式。更具体地说,复杂信息界面中信息识别任务的时间压力越大,与完成任务相关的信息特征的相对显著性就越会越高,而对完成任务不太相关的信息特征的显著性就会降低。因此,时间压力导致被试专注于有限的相关任务线索。相反,当信息识别任务的时间压力越小,被试越可能会采用非任务焦点搜索范式,在这种情况下,视觉注意焦点会更加多变[151-152]。时间压力在信息识别阶段的影响可以概括为以下几点,具体如表 4-1 所示。

表 4-1  时间压力在信息识别阶段的影响

| 时间压力 | (1) 识别过程中会使用信息过滤优先级策略。最重要的信息会被优先处理,进而处理次级信息,直至测试时间结束 |
|---|---|
| | (2) 识别过程中会使用启发式信息处理策略。会增加使用非补偿性选择策略的可能性 |
| | (3) 识别过程中会产生更快的识别效率。被试专注于最相关的任务线索 |
| | (4) 较低的识别质量。只参与了信息的表面处理而并没有和系统的深层交互 |

### 4.2.2 感知时间压力模型

当完成一项识别任务所需要的时间和可用时间之差缩小时,感知到的时间压力就会增加,但是要描述这种关系,则需要构建时间压力感知模型。目前通用的时间压力感知模型主要分为三类:比率模型、绝对差异模型和相对差异模型[152]。

(1) 比率模型:假设被试完成信息识别任务的反应时为 $T_A$,可用时间为 $T_B$,那么时间压力的信息感知量 $T_S$ 可以通过以下公式获得:

$$T_S = F(T_A, T_B) \tag{4-1}$$

其中 $T_S$ 是可以通过评分量化信息的感知量,即对时间压力的感知评分;$T_A$ 和 $T_B$ 分别是完成任务所需的时间和可用时间的评分值,$\lambda$ 是将尺度值转换为时间压力额定值的调节函数。那么:

$$T_{S'} = \lambda \left[ \frac{T_{A'}}{T_{B'}} \right] \tag{4-2}$$

（2）绝对差异模型：绝对差异模型显示时间压力会由任务的反应时 $T_A$ 和可用时间 $T_B$ 之间的绝对差异产生：

$$T_{S'} = \lambda_1 (T_{A'} - T_{B'}) \tag{4-3}$$

（3）相对差异模型：相对差异模型显示时间压力会由任务的反应时 $T_A$ 和可用时间 $T_B$ 之间的相对差异产生：

$$T_{S'} = \lambda_2 \left[ \frac{T_{A'} - T_{B'}}{T_{A'}} \right] \tag{4-4}$$

其中 $\lambda_1$ 和 $\lambda_2$ 都是将尺度值转换为时间压力额定值的调节函数。以上三组感知模型中的任务的反应时 $T_A$ 和可用时间 $T_B$ 的关系式如图 4-1 所示。从图中可以看出，比率模型的曲线是发散的，也就是说在可用时间较短的情况下，时间压力增加得更快，绝对差异模型的曲线是平行的，即时间压力随所需时间增大而增大，随可用时间增大而减小。

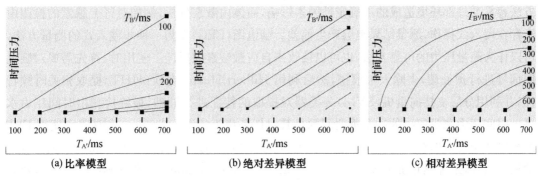

图 4-1　感知时间压力模型输出关系图

时间压力水平可以分为低时间压力水平、中等时间压力水平和高时间压力水平等三类。以往关于时间压力效应的研究表明，时间压力会导致被试主动过滤信息，进而使最重要的信息更有可能被优先处理。Payne 和 Bettman[153] 的研究已发现，任务绩效的提高是由于在高时间压力水平下，最重要的信息属性更容易被优先处理。在高时间压力下，信息过滤不会导致识别能力的下降，反而会更好的区分事件和非事件。而在低时间压力水平下，人们有时间考虑更广泛的信息来源，但是这些信息可能是干扰信息，并不利于识别任务的完成。

### 4.2.3　时间压力测量方法

目前，时间压力测量方法主要分为心理调查方法和生理指标测量方法两种。

（1）心理调查方法

心理学领域的研究主要集中在对抽象概念的测量，如语言、认知、个性和情感等。参考梅森所定义的压力反应,其决定因素本质上是心理因素,所以时间压力测量也就成为可以衡量心理变化的方法。一旦进入心理学领域,压力就可以通过问卷的方式来测量。为此,心理学家开发了时间压力调查问卷,涵盖了一系列由时间压力引起的心理变化。其中著名的人类压力研究中心(http://humanstress.ca)整合了包含诸多压力问卷的大型数据库。除此之外,目前时间压力水平也可以通过感知压力量表和压力导向任务分析工具中的 Likert 量表来进行测量。一般使用固定间隔的量表形式来衡量心理变化程度。Likert 量表通常假设心理变化的强度是线性的,即从强烈同意到强烈不同意连续统一,并会提供 5～9 个预编码响应的选择,从而挖掘对问题的心理变化水平。

除此之外,为了测量时间压力对信息识别决策的影响,我们假设每个决策规则可以分解成几组心理操作计数。心理操作计数(EIP)由 Newell 和 Simon[154] 提出,它是计算识别延迟的预测因素。更具体地说,通过设置无时间压力条件与有时间压力条件,计算心理操作次数,研究表明,在低时间压力下,使用 150 个 EIPS 后决策停止;对于中等时间压力,使用 100 个 EIPS 后决策停止;而对于高时间压力,仅使用 50 个 EIPS 后决策停止。

(2) 生理指标测量方法

生理指标测量方法主要基于生理信号和体内激素水平进行检测。传统的生理信号检测方法容易受外部环境造成的不确定性因素影响,而体内激素分析,例如对肾上腺素的检测由于存在侵入式操作,测量结果也会产生偏差。脑电图(EEG)作为一种非侵入式的测量方法,可以作为测量压力的可靠方法,也可以接收来自应激激素的反馈。使用时,首先需要对脑电图信号进行预处理,去除人工痕迹,然后利用 Hilbert-Huang 变换(HHT)提取相关时频特征,并利用分层支持向量机(SVM)分类器对提取的特征进行处理,最终检测出时间压力水平。时间压力测量解决的一个重要问题是其对任务决策的影响[155-156]。也有研究使用 ERP 测量时间压力。即在第一次刺激和第二次刺激的间隔期内,当时间压力增加时,发现负电位的振幅增强,最显著的是在后位[157-159]。Kutas[160]、Pfefferbaum[161] 和 Strayer[162] 等学者通过测量 P3 成分的峰值潜伏期,研究了强制刺激出现对处理决策的影响,结果表明时间压力指令对反应时的降低远远大于 P3 延迟的降低。也有其他学者[163]将对时间压力的测量转化为对响应力峰值的测量,结果表明,响应力随时间压力的增大而增大。

## 4.3 感知差异阈值测量实验——绝对值识别

目前复杂信息界面正朝着高集成性、高动态化、强交互性的方向发展,这使得感知噪声的来源更复杂,信息编码感知的影响因素越来越多,界面编码的难度也越来越大。但是到目前为止,针对复杂信息界面信息编码的感知研究一般只讨论某个单一值任务,并试图通过排除其他连续的空间维度(颜色、距离、方向)等因素对信息编码感知的影响进行研究。尽管这些先前的研究提出了视觉感知的影响因素,例如在目标信息识别任务中,对于精确地识别单一目标信息,空间位置编码是最优的编码形式,色彩饱和度编码是最差的编码形式。但是这些结论在视觉特征重叠的全局任务的目标信息识别中,却不是完全适合的。我们虽然知道了不同的编码方式等影响视觉感知敏锐性的因素,但是对人类视觉系统如何整合全局编码知之甚少。除此之外,现有的实验研究主要集中在感知反应时与正确率比较的实验,在很大程度上忽略了被试在不同维度内的感知差异问题,例如在方向维度上具有更高的感知敏锐度,是否可以据此预测维度更高的位置的感知敏锐度。由此可见,目前尚缺乏对复杂信息界面信息编码感知差异机理的研究。

要实现对复杂信息界面信息编码的感知量化研究,需要对信息编码的感知过程进行建模。在建模过程中需要引入一个衡量标准,以便对感知变化进行量化。本书利用衡量刺激强度——韦伯分数 $\omega$ 来对感知变化进行量化。

被试在单一目标识别任务中(绝对值识别)识别两个图形的尺寸大小会较易作出判断,但是在全局识别任务中(相对值识别),存在不同的时间压力水平,不同的干扰图形数量,其感知绩效又如何。全局编码过程和信息识别过程之间的关系很清楚,因为这两个过程都需要对视觉信息进行心理总结与视觉统计,以便区分干扰信息和目标信息。基于此,首先需要通过实验获得单一目标识别任务中(绝对值识别)信息编码的感知差异阈值,并将该差异阈值作为全局任务中(相对值识别)目标信息与干扰信息差异识别的依据,进而开展对全局任务驱动的信息编码感知差异的研究。具体实验流程如图 4-2 所示。

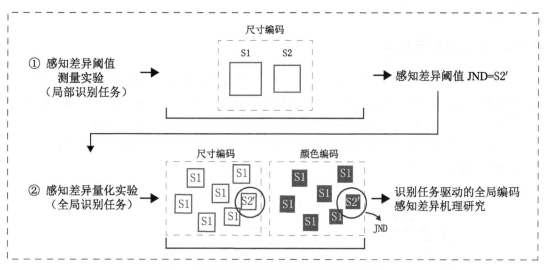

**图 4-2 局部识别任务中的总体实验流程图**

### 4.3.1 实验被试

实验共计有 21 名被试,所有被试均是机械学院和心理学院的在读研究生,平均年龄20.6 岁,男女比例 1.2∶1($\mu_{age}=22.3$, $\alpha_a=9.7$)。实验开始之前,要求被试填写相关信息,包括姓名、年龄、专业、是否有过信息编码实验经验等,并告知实验规则和流程。在实验中,如果被试的实验结果超过平均值两个标准差则要被剔除。基于此标准,每次试验中大概有 1~2 个被试的实验数据被剔除。其中被试填写的信息界面如图 4-3 所示。

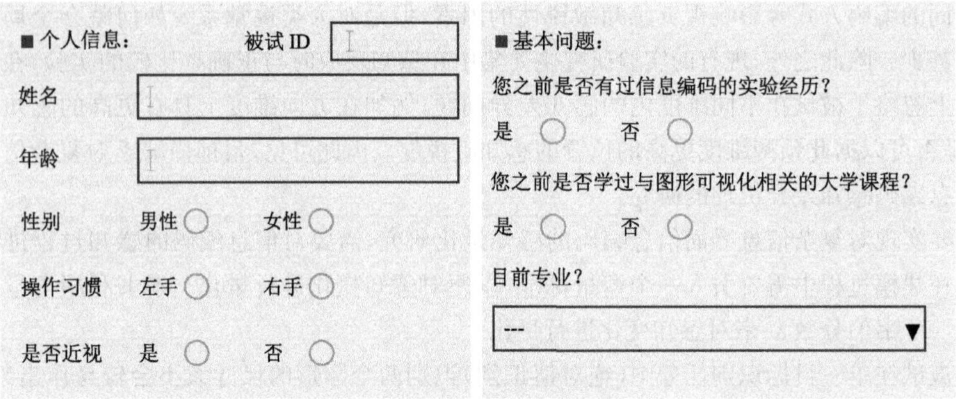

图 4-3  被试基本信息界面

被试招募通过 www.reservax.com 平台完成。被试在平台中输入姓名、年龄、所学专业等完成注册之后,就可以登录实验招募界面浏览实验描述、实验目的、被试的基本要求、实验时长和所得的报酬等基本实验信息。如果确认参与此实验,被试点击确定键,系统会分配被试相应的时间段来完成实验任务。被试在平台上点击确认完成,此被试的信息就会保存在实验信息库中。

### 4.3.2  实验设备与显示

在绝对值识别实验中,被试被要求坐在一台 17 英寸显示器前 550 mm 处,首先用 PR 655 光谱辐射计校准显示器的色度和亮度,其中屏幕分辨率为 1 280 dpi×1 024 dpi,亮度为 92 cd/m² 。每一组实验刺激都由两组图形组成,分别放置在显示屏中心坐标轴两侧位置。

实验中涉及的所有实验编程均在 JAVA 中完成(见附录),并在终端中连接本地服务器进行实验,如图 4-4 所示。

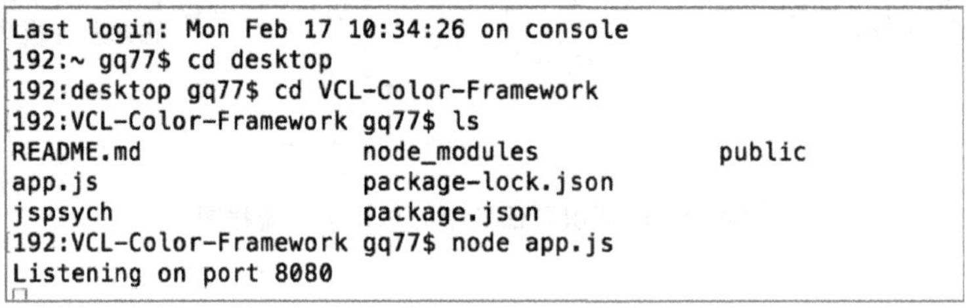

```
Last login: Mon Feb 17 10:34:26 on console
192:~ gq77$ cd desktop
192:desktop gq77$ cd VCL-Color-Framework
192:VCL-Color-Framework gq77$ ls
README.md              node_modules              public
app.js                 package-lock.json
jspsych                package.json
192:VCL-Color-Framework gq77$ node app.js
Listening on port 8080
```

图 4-4  终端连接服务器流程

### 4.3.3  实验程序

本组实验通过心理物理学中的固定步长阶梯法自适应地找到感知差异阈值。具体操作如下:首先屏幕中心呈现注视点"开始",按键盘上任意键开始实验;屏幕中央出现两个并排放置的正方形图形,两个正方形的边长尺寸初始差异值 $\Delta L = 0.02\ cm$,被试需要对两个图形的面积大小进行识别,并作出判断。若屏幕左侧的正方形面积大则按键盘的"A"键,若屏幕右侧的正方形面积大则按键盘的"L"键。如果被试正确选择了面积大的正方形,那么两个正方形的边长差异相应减少 $\Delta L_1 = 0.002$ cm。 如果被试选择错误,则两个正方形的边长差异相应增加 $\Delta L_2 = 0.006$ cm,此过程一直持续到发现感知阈值也就是最小可觉察(JND),或者面积大小感知精度(收敛阈值)达到75%时。为了确保被试不会对已作出判断的刺激图形产生强加记忆,每组子条件都会用新图形替换;为了防止被试在实验过程中设置对齐参考线,两个刺激图形在 $y$ 轴方向上的垂直距离是随机的(±标准高度/4)。感知差异阈值测量实验的具体流程如图 4-5 所示。

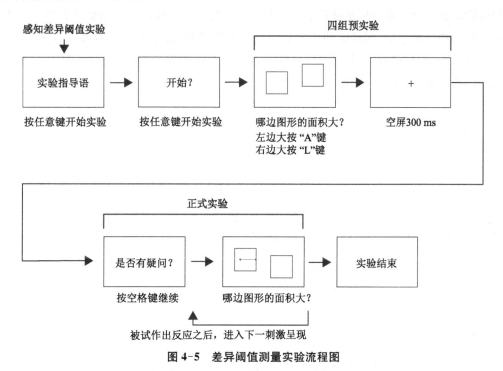

图 4-5 差异阈值测量实验流程图

## 4.3.4 实验结果与分析

任何给定实验的刺激水平取决于被试在一个或多个先前实验中的反应。假设 $\alpha_1$ 为触发一个逐步下降的事件集,$\alpha_2$ 为触发一个逐步上升的事件集,$\psi$ 为心理测量函数。$\text{prob}(\alpha_1 \mid X)$ 和 $\text{prob}(\alpha_2 \mid X)$ 分别是刺激水平 $X$ 下降和上升的概率。当 $\text{prob}(\alpha_1 \mid X) = \text{prob}(\alpha_2 \mid X)$ 时,会存在刺激水平 $X_1$,那么当 $X > X_1$ 时,$\text{prob}(\alpha_1 \mid X) > \text{prob}(\alpha_2 \mid X)$;当 $X < X_1$ 时,$\text{prob}(\alpha_1 \mid X) < \text{prob}(\alpha_2 \mid X)$。

本实验中的 JND 通过收敛算法求得。假设被试每一次正确的面积识别($C$),决定了两个正方形的边长差异相应减少值为 $\Delta L^-$,那么被试每一次错误的面积识别($W$),决定了两个正方形的边长差异相应增加值为 $\Delta L^-$,因此 $\alpha_1 = \{C\}$,$\alpha_2 = \{W\}$,$\text{prob}(\alpha_1 \mid X) = \psi(X)$,则:

$$\Delta L^{-}\beta\big[\psi(X_1)\big]=\Delta L^{+}\big[1-\beta(\psi(X_1))\big] \tag{4-5}$$

$$\psi(X_1)=\beta^{-1}\left(\frac{\Delta L^{+}}{\Delta L^{-}+\Delta L^{+}}\right) \tag{4-6}$$

$$\psi(X)=(1-P_1)F(X)+P_2\big[1-F(X)\big] \tag{4-7}$$

其中 $\beta$ 是转换系数,$P_1$ 表示判断错误水平,$P_2$ 表示判断正确水平,$F(X)$ 为刺激水平 $X$ 下心理物理量结果的概率。在阶梯实验中,阶梯的渐近收敛性是反转次数增加时反转值平均值的极限,然而,如果给定的阶梯过程渐近收敛,那么无限长阶梯的独立副本将始终提供完全相同的阈值估计。如果从足够长的楼梯的独立运行样本中获得的阈值估计在某一点上具有对称分布和单模分布,则楼梯的长度必须是有限的,因此证明了渐近收敛性,也因为此阈值是通过平均反向点的刺激水平来估计的。在每个阶梯完成后,将收敛后的 JND 的平均值作为最终的差异阈值结果,如图 4-6 所示。

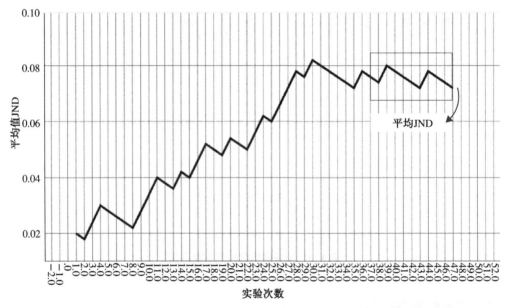

**图 4-6 阶梯法——感知差异阈值计算原理图**

在对实验结果分析之前,为了削弱数据拟合模型的共线性和异方差性,需要对实验数据进行对数转换,使实验数据更趋稳定。最终全字段去重后一共收集了个 4 751 个观察样本,T 检验显示不同性别的被试在绩效方面无显著性差异($\mu_f=60.1\%$,$\mu_m=64.4\%$,$P=0.093\,8>0.05$)。

在对因变量结果分析中强调了效应量,给出 95% 的置信区间。首先对 JND 的平均值进行 ANOVA 方差分析($F$ 表示显著性差异水平,$P$ 表示检验水平),结果表明,不同的初始尺寸对因变量 JND 具有显著性差异,$F(4,194)=295.76$,$P=0.000<0.05$,如表 4-2 所示。

表 4-2 绝对值识别实验的主体间效应量

| | 均方 | 自由度 | $F$ | 显著性 | 偏 Eta 平方 |
|---|---|---|---|---|---|
| 修正模型 | 0.007 | 24 | 258.836 | 0.000 | 0.973 |
| 截距 | 0.842 | 1 | 3 288.05 | 0.000 | 0.995 |
| 子条件 | 0.008 | 4 | 295.76 | 0.000 | 0.871 |
| 误差 | 2.560e-5 | 175 | | | |
| 修正后总计 | | 199 | | | |

从图 4-7 中可以发现,通过对所有数据分析发现,在整个子条件范围内,数据表现出高度的线性关系,$R^2 = 0.986$(调整后)。随着不同的子条件尺寸的增大,平均值 JND 也增大,可以用以下公式表示上述关系:

$$JND_{(L)} = K(-1/b + L) \tag{4-8}$$

其中 $K$ 是韦伯分数,$b$ 是偏移参数,也就是 JND 线与 $X$ 轴的交点。$K$ 和 $b$ 的值越小,表示感知差异精度越高,绩效越好,当 $K$ 和 $b \to 0$,感知绩效最好。

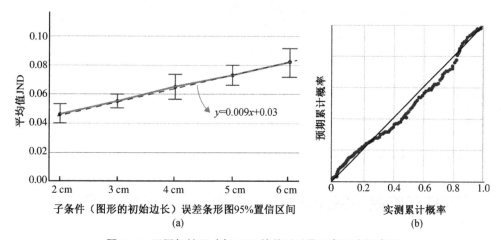

图 4-7 不同初始尺寸与 JND 的关系以及回归正态概率图

如果要最好地反映 $X$ 轴和 $Y$ 轴变量之间的线性关系,我们需要让拟合线性函数更接近目标函数,也就是让 $n$ 个离差构成的平方和越小越好,换言之,构成回归直线方程的过程其实就是求解离差最小值的过程。假设任意一个回归直线方程为:$y' = kx + a$,也就是当 $x$ 取任意值 $X_e$ 时,统计数据的真实值为 $y_e$,近似值为 $y_e'$,那么离差的平方和为:

$$S = \sum_{e=1}^{n}(y_e - y_e')^2 = \sum_{e=1}^{n}(y_e - a - kx_e)^2 \tag{4-9}$$

$$K_e = \frac{\sum_{e=1}^{n} x_e y_e - n\bar{x}\bar{y}}{\sum_{e=1}^{n} x_e^2 - n\bar{x}^2} \tag{4-10}$$

如果对于实验过程中的任何一个子条件 $L_1$，那么：

$$K_1 = JND_{(L_1)}/(-1/b+L) \tag{4-11}$$

该公式可以看作 $K_1$ 方差最小值的归一化，这在很大程度上与最小二乘法的公式相同，那么在子条件为 2 cm 时的 $K$ 值估计就不会受到噪声的严重影响。

被试在不同子条件下的感知系数和平均反应时间如表 4-3 所示。首先，从表中可以看到，不同子条件下的平均感知差异阈值在 0.047 6～0.081 6，并且子条件为 2 cm 时感知系数最大，所以将 2 cm 作为全局识别任务实验中的干扰图形边长，将 2－0.047 6＝1.952 24 cm 作为目标识别图形的边长；其次，在没有时间压力时，被试完成所有子条件的平均时间在 1 100～1 200 ms，所以将 1 160 ms 设定为全局识别任务感知差异实验中的低水平时间压力。已有学者证明了识别实验中的 ERP 振幅在 P 300 范围（300～500 ms）减小，在慢波范围（500～700 ms）增强，所以将 300 ms 设定为高时间压力，600 ms 设定为中时间压力，1 160 ms 设定为低时间压力。

表 4-3  不同条件下的平均感知差异阈值和平均反应时间

|  | 初始边长/cm | 平均感知差异值（平均 JND）/cm | 感知系数（韦伯分数） | 平均反应时间/ms |
|---|---|---|---|---|
| 条件 1 | 2 | 0.047 6 | 0.023 8 | 1 175 |
| 条件 2 | 3 | 0.054 6 | 0.018 2 | 1 182 |
| 条件 3 | 4 | 0.067 6 | 0.016 9 | 1 120 |
| 条件 4 | 5 | 0.073 0 | 0.014 6 | 1 196 |
| 条件 5 | 6 | 0.081 6 | 0.012 6 | 1 128 |

## 4.4  识别任务的编码感知差异量化实验——相对值识别

第 4.3 节的局部识别任务——绝对值识别不需要进行全局编码，本章的全局识别任务——相对值识别依赖整个信息集合的分布情况，需要整合信息分布来识别查找异常值，以便识别信息分布中与干扰信息集合不同的目标信息。异常值识别任务作为相对值识别任务的一种，又与一般的相对值识别任务有所区别。因为相对值识别任务一般会指定目标信息的相对位置，如极大值或者极小值等极值点，而异常值识别没有预先指定目标数据点在分布中的位置，只能通过数据集搜索发现，这也称为显著性"弹出"效应[1]。当信息集合通过不同的编码形式在信息界面中呈现时，异常值可能由不同编码形式的感知显著性来建模。但是，什么样的感知过程可以让观察者在对总体分布信息的全局编码过程中检测到异常值呢？

异常值识别任务和界面数据统计任务是相似的，在某些情况下，在面对复杂信息界面时，很难预先知道关键统计数据的位置，也就无法立即做出统计判断。因此，异常值识别为视觉感知和界面研究提供了方向。本章的实验是在不同的时间压力水平下，通过设置不同数量的干扰信息,对提取目标图形的感知差异进行研究;通过设置不同的干扰图形和目标图形的颜色、距离,研究颜色特征、空间如何影响全局识别任务,最终总结出全局识别任务中的信息编码感知差异规律。

## 4.4.1 实验被试

该实验共计 23 名被试,所有被试均是机械学院、心理学院和计算机学院的在读研究生,平均年龄 22.1 岁,男女比例 1∶1.3,其中 12 名参与者有过局部识别任务的实验测试经验,11 名参与者未参与过局部识别任务实验。在实验开始之前,需要被试填写相关信息,包括姓名、年龄、专业、是否有过信息编码实验经验等,并告知实验规则和流程。由于在本组实验中,包含对颜色编码的感知实验研究,所以在实验开始之前,需要用石原氏色盲测试图对被试色觉进行筛选,确保所有被试无色弱和色盲,并且视力或者矫正视力正常。在实验中,如果被试的实验结果超过平均值两个标准差则要被剔除。基于此标准,实验结束后,没有被试的实验数据被剔除。

## 4.4.2 实验材料

全局识别任务信息编码感知差异实验包括尺寸编码感知差异和颜色编码感知差异两组实验,尺寸编码和颜色编码实验的刺激的基本参数如表 4-4 所示。

**表 4-4 实验刺激基本参数**

| 编码类型 | 条件 | 时间压力水平/ms | | 干扰图形数量 | 干扰图形边长/cm | 目标图形边长/cm |
| --- | --- | --- | --- | --- | --- | --- |
| | | 呈现 | 消失 | | | |
| 尺寸 | 子条件 1 | 300 | 100 | 5, 15, 25 | 2 | 1.952 42 |
| | 子条件 2 | 600 | 200 | 5, 15, 25 | 2 | 1.952 42 |
| | 子条件 3 | 1 160 | 500 | 5, 15, 25 | 2 | 1.952 42 |
| 颜色 | — | — | — | — | 2 | 1.952 42 |

为了使复杂信息界面中的颜色编码有效,颜色编码和信息属性之间的映射必须保留信息中的重要差异。然而,在目前大多数感知实验中,对于目标刺激颜色和干扰刺激颜色的色差值范围的选取原则,要么是基于在最佳视觉环境中使用均匀场测量的颜色空间标准,要么是基于用户定性直觉,这些限制都会导致实验结果的误判。对于干扰图形颜色和目标图形颜色的色彩空间,本文依据 Szafir 提出的色彩模型进行改进,生成一套针对全局识别任务的 CIE L-H-S 色彩空间。Szafir 研究的一个关键发现是刺激图形的尺寸大小影响刺激图形之间颜色差异的感知,即感知到的颜色差异与图形尺寸的大小成反比。Szafir 引入了评估颜色差异的准则,以求解在 DE 中达到一个百分比的显著性差异(ND),其中 DE 是在给定的颜色空间中由加权欧几里得距离定义的颜色差异确立的度量标准。在本节实验中,红色、黄色、蓝色和绿色四种基本颜色出现在各自色调空间的中心位置,使用 Szafir 的公式,结合刺激图

形尺寸,沿着 CIE L-H-S——明度、色相和饱和度,从每个目标颜色的显著性差异(ND)中创建精确的颜色变化空间。具体操作如下:

(1)首先使用线性回归对 CIELab 中给定标记尺寸和轴的结果识别率进行建模,将识别率定义为因变量,颜色之间的距离 $\Delta E$ 定义为自变量,将回归约束定义为零截距,以减小由于抽样方法不同而产生的微小差异。结果模型的形式如下:

$$P = m_x * \Delta x \qquad (4-12)$$

其中 $P$ 是检测到的色差的比例,$m$ 是回归斜率,$x$ 是 CIELab 轴。因此在颜色之间的距离 $\Delta E$ 中,获得 $P\%$ 显著性差异所需的色差 $ND(P)$,由下列公式求得:

$$ND_x(P) = \frac{P}{m_x} \qquad (4-13)$$

如果将尺寸变化作为一组斜率 $m_x$ 的函数建模为刺激图形视角 $\theta$ 的反函数,那么可以将 $P\%$ 的显著性差异建模为:

$$ND_x(P, \theta) = \frac{P}{c_x + \dfrac{k_x}{\theta}} \qquad (4-14)$$

其中 $c$ 和 $k$ 是从斜率与刺激图形大小成反比的线性拟合中得到的常数。结果表示 CIELab 中最小可分辨色差的定量界限,即 50% 的 JNDS(ND(50%,s))。由 Szafir 的实验结果得到:

$$ND_L(P, \theta) = \frac{P}{0.093\,7 - \dfrac{0.008\,5}{\theta}} \qquad (4-15)$$

$$ND_a(P, \theta) = \frac{P}{0.077\,5 - \dfrac{0.012\,1}{\theta}} \qquad (4-16)$$

$$ND_b(P, \theta) = \frac{P}{0.061\,1 - \dfrac{0.009\,6}{\theta}} \qquad (4-17)$$

(2)物体的视角是视网膜上物体图像大小的量度。视角既取决于物体和观察者之间的距离——较大的距离导致较小的视角,也取决于物体的大小——较大的物体会导致较大的视角。根据视距 $d$ 和刺激图形边长 $l$,被试的视角 $\theta$ 由下列公式求得:

$$\theta = 2a\tan\left[\frac{l}{2d}\right] \qquad (4-18)$$

在本实验中,视距 $d = 55$ cm,图形尺寸边长 $l = 2$ cm,通过公式(4-14)求得 $\theta = 2.121\ 8°$,所以:

$$ND_L(50\%,\ 2.121\ 8) = \frac{0.5}{0.093\ 7 - \dfrac{0.008\ 5}{2.121\ 8}} = 5.574\ 1$$

$$ND_a(50\%,\ 2.121\ 8) = \frac{0.5}{0.077\ 5 - \dfrac{0.012\ 1}{2.121\ 8}} = 6.963\ 7$$

$$ND_b(50\%,\ 2.121\ 8) = \frac{0.5}{0.061\ 1 - \dfrac{0.009\ 6}{2.121\ 8}} = 8.847\ 0$$

由此,CIE L-H-S 颜色空间结果是: $ND_{L*} = ND_L(50\%,\ 2.121\ 8) = 5.574\ 1$, $ND_{h*} = ND_{s*} = \max[ND_a(50\%,\ 2.121\ 8),\ ND_b(50\%,\ 2.121\ 8)] = 8.847\ 0$。实验中的干扰图形颜色和目标图形颜色表征如图 4-8 所示。

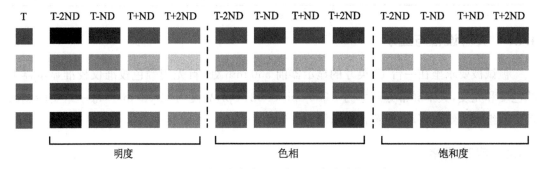

**图 4-8　干扰图形颜色和目标图形颜色表征示意图**

为了在实验框架中更好地实现颜色色值,将 CIE L-H-S 值转换为 Lab 值,以便测试增加目标图形和干扰图形的颜色空间距离是否会改善识别任务中的任务绩效。实验中涉及的干扰图形和目标图形的颜色 Lab 值如表 4-5 所示。

**表 4-5　颜色编码参数设置**

| 条件 | 明度(Lab) | | 色相(Lab) | | 饱和度(Lab) | |
|---|---|---|---|---|---|---|
| | 目标颜色 | 干扰颜色 | 目标颜色 | 干扰颜色 | 目标颜色 | 干扰颜色 |
| 红色 | 51,51,42 | 35,51,42 | 51,51,53 | 51,64,15 | 50,51,43 | 50,28,23 |
| | 51,51,42 | 43,51,42 | 51,51,53 | 51,59,31 | 50,51,43 | 50,40,33 |
| | 51,51,42 | 58,51,42 | 51,51,53 | 51,40,53 | 50,51,43 | 50,63,54 |
| | 51,51,42 | 66,51,42 | 51,51,53 | 51,26,58 | 50,51,43 | 50,74,64 |

| 条件 | 明度(Lab) | | 色相(Lab) | | 饱和度(Lab) | |
|---|---|---|---|---|---|---|
| | 目标颜色 | 干扰颜色 | 目标颜色 | 干扰颜色 | 目标颜色 | 干扰颜色 |
| 黄色 | 80,−1.50 | 65,−1.50 | 80,−1.50 | 80,26,38 | 80,−1.50 | 80,−1.18 |
| | 80,−1.50 | 73,−1.50 | 80,−1.50 | 80,15,49 | 80,−1.50 | 80,−1.35 |
| | 80,−1.50 | 88,−1.50 | 80,−1.50 | 80,−16.45 | 80,−1.50 | 80,−1.65 |
| | 80,−1.50 | 94,−1.50 | 80,−1.50 | 80,−30.38 | 80,−1.50 | 80,−1.80 |
| 蓝色 | 49,−12,−42 | 36,−13,−42 | 51,−12,−42 | 51,−28,−17 | 50,−2,−42 | 50,−3,−10 |
| | 49,−12,−42 | 43,−13,−42 | 51,−12,−42 | 51,−20,−30 | 50,−2,−42 | 50,−8,−25 |
| | 49,−12,−42 | 57,−13,−42 | 51,−12,−42 | 51,4,−42 | 50,−2,−42 | 50,3,−54 |
| | 49,−12,−42 | 64,−13,−42 | 51,−12,−42 | 51,21,−35 | 50,−2,−42 | 50,−2,−67 |
| 绿色 | 50,−41,25 | 36,−41,25 | 51,−41,24 | 51,−17,45 | 50,−41,24 | 50,−16,9 |
| | 50,−41,25 | 42,−41,25 | 51,−41,24 | 51,−31,37 | 50,−41,24 | 50,−28,17 |
| | 50,−41,25 | 57,−41,25 | 51,−41,24 | 51,−40,9 | 50,−41,24 | 50,−48,37 |
| | 50,−41,25 | 65,−41,25 | 51,−41,24 | 51,−35,−5 | 50,−41,24 | 50,−52,52 |

### 4.4.3　实验设备与显示

被试被要求坐在一台 17 英寸的显示器前 550 mm 处,首先用颜色校准仪校准显示器上的色度和亮度,其中屏幕分辨率为 1 280 dpi×1 024 dpi,亮度为 92 cd/m²。每一组实验刺激都由两组图形组成,分别放置在显示屏坐标轴中心位置。

### 4.4.4　实验程序

(1) 对于尺寸编码感知量化实验。首先屏幕中心呈现实验指导语,按键盘上任意键开始实验。随后屏幕中央随机呈现 5 个、15 个或者 25 个干扰图形,目标图形在界面中呈现与否是随机的,并且始终是一个。干扰图形呈现 300 ms 之后消失,过 100 ms 之后再次出现,呈现 300 ms 之后再消失,此过程循环到被试回答呈现的刺激图形中是否存在目标图形为止,若目标图形在干扰图形中出现,则按键盘中的"A"键,若目标图形在干扰图形中未出现,则按键盘中的"L"键。12 组预实验完成并且正确率达到 85%,才能开始正式实验。在正式实验中,每个被试需要完成一个子条件中的 24 组实验,才能进入下一个子条件,并且屏幕呈现的刺激图形数量和时间压力是从小到大依次增加的。被试一共需要完成 3(三组不同数量的干扰图形)×3(三组不同的时间压力水平)×24=216 个实验条件,具体实验流程如图 4-9 所示。

(2) 对于颜色识别感知量化实验。首先屏幕中心呈现实验指导语,并呈现需要搜索的目标图形颜色。按键盘上任意键开始实验。随后屏幕中央随机呈现 5 个、15 个或者 25 个干扰图形,目标图形在界面中的呈现与否是随机的,并且始终是一个。实验过程中需要被试回

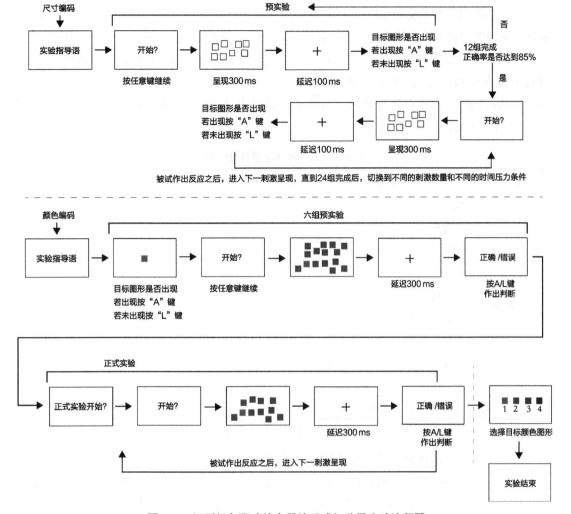

图 4-9 识别任务驱动的全局编码感知差异实验流程图

答呈现的刺激图形中是否存在目标图形,若目标图形在干扰图形中出现,则按键盘中的"A"键,若目标图形在干扰图形中未出现,则按键盘中的"L"键。颜色识别实验中不需要设定"正确率达到 85%,才能开始运行正式实验"的实验要求。目标图形的颜色与干扰图形的颜色差值(-ND,-2ND,+ND,+2ND)随机出现四次,故被试一共需要完成 4(四种颜色)×4(四组不同的色差值)×4(呈现次数)×3(三组数量)=192 个实验条件。被试完成识别试验之后,需要再次选择目标图形颜色,并通过李克特七量表来表示对所选颜色正确与否的自信度(1 代表非常不自信所选的颜色为实验中所示的目标图形颜色,7 代表非常自信所选颜色为实验中所示的目标图形颜色)。

## 4.4.5 实验结果与分析

(1)尺寸编码感知量化实验结果

在对实验结果进行分析之前,为了削弱数据拟合模型的共线性和异方差性,需要对实验数据进行对数转换,使实验数据更趋稳定。最终剔除异常值后一共收集到 4 743 个被试样本。T 检验显示不同性别的被试在绩效方面无显著性差异($\mu_f = 57.1\%$,$\mu_m = 59.2\%$,$P = 0.1021$)。

在对因变量反应时和正确率的结果分析中强调了效应量,给出 95% 的置信区间。首先进行组间 ANOVA 分析($F$ 表示显著性差异水平,$P$ 表示检验水平),结果表明,不同的数量和不同的时间压力水平对反应时的影响具有统计学意义,而对正确率的影响没有统计学意义,如表 4-6 所示。

表 4-6  主体间效应量检验结果

| 源 | 因变量 | Ⅲ类平方和 | 自由度 | 均方 | $F$ | 显著性 |
|---|---|---|---|---|---|---|
| 修正模型 | 反应时 | 839 258[a] | 4 | 209 814.5 | 16.347 | 0.010 |
| | 正确率 | 0.002[b] | 4 | 0.001 | 3.000 | 0.156 |
| 截距 | 反应时 | 22 439 169 | 1 | 22 439 169 | 1 748.28 | 0.000 |
| | 正确率 | 8.066 | 1 | 8.066 | 46 927.1 | 0.000 |
| 刺激数量 | 反应时 | 298 746 | 2 | 149 373 | 11.638 | 0.022 |
| | 正确率 | 0.000 | 2 | 5.625 | 0.327 | 0.739 |
| 时间压力 | 反应时 | 540 512 | 2 | 270 256 | 21.056 | 0.008 |
| | 正确率 | 0.002 | 2 | 0.001 | 5.673 | 0.068 |
| 误差 | 反应时 | 51 340 | 4 | 12 835 | | |
| | 正确率 | 0.001 | 4 | 0.000 | | |

注:a. $R^2 = 0.942$(调整后 $R^2 = 0.885$),b. $R^2 = 0.750$(调整后 $R^2 = 0.500$)

其次将实验刺激数量与反应时的影响关系进行最小差异化的事后多重比较,结果如表 4-7 所示。从表中可以看出,刺激数量在 15~25 时,$P = 0.308 > 0.05$,没有统计学意义;而刺激数量为 5~15 与 5~25 时有统计学意义,$P = 0.026 < 0.05$,$P = 0.01 < 0.05$。

表 4-7  实验刺激数量的事后多重比较结果

| | 刺激数量（$I$） | 刺激数量（$J$） | 平均值差值（$I-J$） | 显著性 | 95% 置信区间 | |
|---|---|---|---|---|---|---|
| | | | | | 下限 | 上限 |
| LSD | 5 | 15 | −320.79 | 0.026 | −577.75 | −63.83 |
| | | 25 | −428.76 | 0.010 | −685.71 | −171.80 |
| | 15 | 5 | 320.79 | 0.026 | 63.83 | 577.75 |
| | | 25 | −107.96 | 0.308 | −364.92 | 148.99 |
| | 25 | 5 | 428.76 | 0.010 | 171.80 | 685.71 |
| | | 15 | 107.96 | 0.308 | −148.99 | 364.92 |

其中不同水平的时间压力和实验刺激数量与反应时和正确率的变化关系如图 4-10 所示。从图中可以看出,在不同水平的时间压力下,实验刺激数量与反应时均成正比关系,也就是随着刺激数量的增加,反应时相应增加($y_{300} = 14.250x + 1 073.667$,$y_{600} = 41.432x + 1 235.47$,

$y_{1\,100} = 6.430x + 1\,532.87$）。除此之外,在时间压力为低水平和中水平的情况下,刺激数量为15时,正确率最高;刺激数量为5和25时,正确率几乎一样。在时间压力为高水平的情况下,随着刺激数量的增大,正确率逐渐降低。以上结论表明,在目标信息的识别任务中,感知正确率受时间压力的影响较小,受刺激数量的影响较大,而且由于视觉系统的视觉容量和视觉注意力的限制,刺激数量和感知正确率的线性关系并不成立,而刺激数量和反应时的线性关系成立。

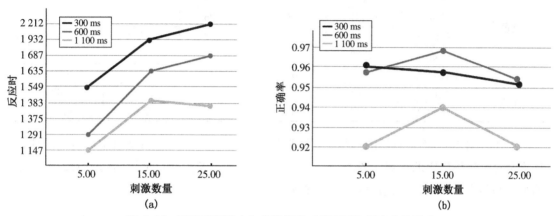

(a)                                        (b)

图 4-10　不同时间压力和刺激量级对反应时和正确率的影响

(2) 颜色编码感知量化实验结果

以红色目标图形为例,干扰图形的颜色设置如图 4-11 所示。实验结果中,目标图形是红色的识别平均反应时为 2 369.23 ms,目标图形是黄色的识别平均反应时为 1 609.66 ms,目标图形是蓝色的识别平均反应时为 2 132.76 ms,目标图形是绿色的识别平均反应时为 2 700 ms。

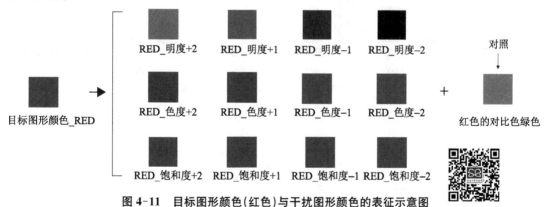

图 4-11　目标图形颜色(红色)与干扰图形颜色的表征示意图

对因变量正确率的结果进行组间 ANOVA 分析($F$ 表示显著性差异水平,$P$ 表示检验水平),结果表明,不同的目标图形颜色下,不同的刺激数量对正确率的影响均没有统计学意义。红色:$P = 0.608 > 0.05$;黄色:$P = 0.767 > 0.05$;蓝色:$P = 0.409 > 0.05$;绿色:$P = 0.757 > 0.05$。目标图形颜色不论是哪一种,目标不同的色差对正确率的影响均有统计学意义,红色:$F(12, 299) = 3.821$,$P = 0.000 < 0.05$;黄色:$F(12, 143) = 5.809$,$P = 0.000 <$

$0.05$；蓝色：$F(12,299)=5.709$，$P=0.000<0.05$；绿色：$F(12,143)=3.689$，$P=0.000<0.05$，如表 4-8 所示。

表 4-8　主体间效应检验

| | 源 | Ⅲ类平方和 | 自由度 | 均方 | $F$ | 显著性 |
|---|---|---|---|---|---|---|
| 红色 | 数量 | 0.660 | 2 | 0.330 | 2.108 | 0.123 |
| | 干扰颜色 | 7.179 | 12 | 0.598 | 3.821 | 0.000 |
| 黄色 | 数量 | 0.051 | 2 | 0.026 | 0.218 | 0.804 |
| | 干扰颜色 | 8.192 | 12 | 0.683 | 5.809 | 0.000 |
| 蓝色 | 数量 | 0.333 | 2 | 0.167 | 1.338 | 0.264 |
| | 干扰颜色 | 8.532 | 12 | 0.711 | 5.709 | 0.000 |
| 绿色 | 数量 | 0.167 | 2 | 0.083 | 0.476 | 0.623 |
| | 干扰颜色 | 7.756 | 12 | 0.646 | 3.689 | 0.000 |

　　上述数据表明，不论目标图形与干扰图形的差值设置条件如何，自变量中数量级的变化都不会对全局编码中的识别任务的判断产生影响，而色差确实会对全局编码中的识别任务的绩效判断产生影响，影响结果如图 4-12 所示。

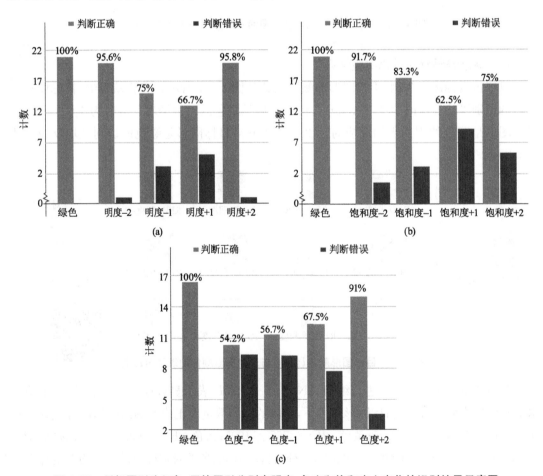

图 4-12　目标图形为红色,干扰图形分别在明度、色度和饱和度上变化的识别结果示意图

　　设置目标图形颜色为红色，干扰颜色明度、色度和饱和度的差异阈值变化为±1ND 和±2ND 的实验条件。当目标颜色与干扰颜色之间的明度差异阈值在±2ND 时，目标识别的平均感知绩效和干扰颜色为对比色条件下的平均感知绩效几乎相同；当目标颜色与干扰颜色之间的明度差异阈值在±1ND 时，平均感知绩效相对较差。当目标颜色与干扰颜色之间的色度差异阈值在＋2ND 时，目标识别的平均感知绩效和干扰颜色为对比色条件下的平均感知绩效几乎相同；但是当目标颜色与干扰颜色之间的色度差异阈值在－2ND 时，平均感知绩效相对较差。当目标颜色与干扰颜色之间的饱和度差异阈值在－2ND 时，目标识别的平均感知绩效相对较高；当目标颜色与干扰颜色之间的饱和度差异阈值在＋1ND 和＋2ND 时，平均感知绩效相对较差。

　　如图 4-13 所示，当目标信息集合是红色色域时，目标信息颜色与周边干扰信息颜色的

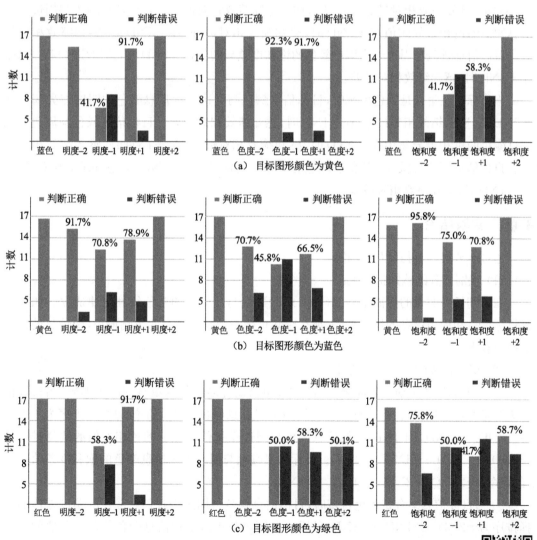

图 4-13　目标图形颜色分别为黄色、蓝色与绿色条件下，干扰图形分别在明度、色度和饱和度变化下的识别结果示意图

明度差异阈值在＋2ND时,感知绩效相对最好;在＋1ND时,感知绩效相对最差。目标信息颜色与周边干扰信息颜色的色相差异阈值在＋2ND时,感知绩效相对最好;在－2ND时,感知绩效相对最差。目标信息颜色与周边干扰信息颜色的饱和度差异阈值在－2ND时,感知绩效相对最好;在＋1ND时,感知绩效相对最差。

当目标信息集合是黄色色域时,目标信息颜色与周边干扰信息颜色的明度差异阈值在±2ND时,感知绩效相对最好;在－1ND时,感知绩效相对最差。目标信息颜色与周边干扰信息颜色的色相差异阈值在±2ND时,感知绩效相对最好;在＋1ND时,感知绩效相对最差。目标信息颜色与周边干扰信息颜色的饱和度差异阈值在＋2ND时,感知绩效相对最好;在－1ND时,感知绩效相对最差。

当目标信息集合是蓝色色域时,目标信息颜色与周边干扰信息颜色的明度差异阈值在＋2ND时,感知绩效相对最好;在－1ND时,感知绩效相对最差。目标信息颜色与周边干扰信息颜色的色相差异阈值在＋2ND时,感知绩效相对最好;在－1ND时,感知绩效相对最差。目标信息颜色与周边干扰信息颜色的饱和度差异阈值在＋2ND时,感知绩效相对最好;在＋1ND时,感知绩效相对最差。

当目标信息集合是绿色色域时,目标信息颜色与周边干扰信息颜色的明度差异阈值在±2ND时,感知绩效相对最好;在－1ND时,感知绩效相对最差。目标信息颜色与周边干扰信息颜色的色相差异阈值在－2ND时,感知绩效相对最好;在－1ND时,感知绩效相对最差。目标信息颜色与周边干扰信息颜色的饱和度差异阈值在－2ND时,感知绩效相对最好;在＋1ND时,感知绩效相对最差。

### 4.4.6　实验结论

通过本节实验,得到以下结论。

(1) 识别任务的感知拟合关系

在识别任务驱动的界面全局编码中,刺激数量与反应时的韦伯线性定律成立。如果设置目标信息和周边信息的尺寸编码,那么感知正确率受时间压力的影响最小,受信息的数量级影响较大。

(2) 识别任务的感知差异规律

① 在识别任务驱动的界面全局编码中,如果设置多组信息集合的颜色编码,当目标信息集合是红色色域时,目标信息颜色与周边干扰信息颜色的明度差值的选择排序为＋2ND＞－2ND＞－1ND＞＋1ND,目标信息颜色与周边干扰信息颜色的色相差值的选择排序为＋2ND＞＋1ND＞－1ND＞－2ND。目标信息颜色与周边干扰信息颜色的饱和度差值的选择排序为－2ND＞＋2ND＞－1ND＞＋1ND。

② 当目标信息集合是黄色色域时,目标信息颜色与周边干扰信息颜色的明度差值的选择排序为±2ND＞＋1ND＞－1ND,目标信息颜色与周边干扰信息颜色的色相差值的选择排序为±2ND＞－1ND＞＋1ND。目标信息颜色与周边干扰信息颜色的饱和度差值的选择排序为＋2ND＞－2ND＞＋1ND＞－1ND。

③ 当目标信息集合是蓝色色域时,目标信息颜色与周边干扰信息颜色的明度差值的选择排序为＋2ND＞－2ND＞＋1ND＞－1ND,目标信息颜色与周边干扰信息颜色的色相差值的选择排序为＋2ND＞－2ND＞＋1ND＞－1ND。目标信息颜色与周边干扰信息颜色的饱和度差值的选择排序为＋2ND＞－2ND＞－1ND＞＋1ND。

④ 当目标信息集合是绿色色域时,目标信息颜色与周边干扰信息颜色的明度差值的选择排序为±2ND＞＋1ND＞－1ND,目标信息颜色与周边干扰信息颜色的色相差值的选择排序为－2ND＞＋1ND＞＋2ND＞－1ND。目标信息颜色与周边干扰信息颜色的饱和度差值的选择排序为－2ND＞＋2ND＞－1ND＞＋1ND。

## 本章小结

在本章中,首先总结了时间压力的相关理论与获取方法,并针对时间压力在感知阶段的影响、时间压力与时间约束的区别、感知时间压力模型以及时间压力的测量方法等进行深入分析。然后在相关理论基础上,分别进行了感知差异实验研究,分别为感知差异阈值测量实验(绝对值局部识别实验)和识别任务驱动的全局编码感知差异实验(相对值全局识别实验),并将形状编码和颜色编码对实验绩效的影响作为因变量进行深入探讨分析。最后得到了基于绝对值识别任务和基于相对值识别任务的视觉特征感知规律和全局编码感知差异拟合关系,为识别任务驱动的全局编码提供设计与评价指导。

# 第五章 模式判断任务驱动的全局感知差异量化研究

本章首先阐述了模式判断任务选择相关性判断作为实验研究对象的依据，然后对信息相关性的相关理论进行分析，主要包括互信息与信息相关性的差异、信息相关性的度量方法以及信息相关性的感知量化方法等，并对表征信息变量相关性的形式进行了分类总结。基于以上理论基础，开展了三组信息相关性差异量化实验，分别为颜色编码对信息相关性感知影响实验、冗余编码对信息相关性感知影响实验和空间维度对信息相关性感知影响。最后对实验结果进行分析和讨论，得到了模式判断任务驱动的全局编码感知差异拟合关系和感知规律，为模式判断任务驱动的信息界面设计与评价提供指导。

## 5.1 概述

随着信息时代的到来，信息界面需要承载的信息量越来越多，信息界面的信息层级和信息结构不断增加，人们对信息之间关系的判断愈加困难。为了更好地理解信息层级之间的关系，需要建立与人类视觉系统感知机制相契合的信息可视化形式，帮助人们快速、准确地感知信息之间的层级结构。

对于复杂信息界面中信息分布判断、信息相关性判断等模式判断任务，只有人类视觉系统做出了正确判断，才能对界面中的有效信息进行提取分析，最后做出正确决策。但是目前对于视觉系统如何处理这些模式判断任务以及其中的信息感知过程，我们知之甚少。因此，本章将对模式判断任务驱动的视觉感知规律进行实验研究，探索复杂信息界面全局编码的感知差异规律，为模式判断任务驱动的信息界面设计与评价提供指导。

本章利用信息相关性判断作为模式判断任务对视觉感知规律进行研究，是因为已有研究表明，对相关性判断中皮尔逊相关系数的估计是一个全局感知的过程，人们可以较容易地感知这个过程，并对感知数据和物理变化数据有相对量化的拟合结果[18]。另外，本书选用散点图作为相关性判断任务的载体，因为散点图作为基本的统计图形已经出现了 200 多年，是展示多变量之间关系函数最常见的可视化形式，而对散点图中皮尔逊相关系数 $R$ 的识别是一个明显的信息模式判断与视觉感知过程。除此之外，散点图作为多变量显示形式，表征数据的方法多样，可以在散点图中加入不同的视觉变量，进而对所涉及的模式判断任务中的感知规律进行多层次实验研究。

基于以上分析，本章在复杂信息界面模式判断任务背景下，对散点图中皮尔逊相关系数的感知差异规律进行实验研究，并利用心理物理学中的阶梯法测量散点图中皮尔逊相关系数的感知精度,利用量化法测量感知正确率,构建相关性感知差异的量化函数关系,为模式判断任务驱动下的信息界面设计与评价提供指导。

## 5.2　信息相关性的理论基础

### 5.2.1　互信息与信息相关性的差异

在概率论和信息论中,两个随机变量的互信息(Mutual Information)是两个变量之间相互依赖关系的度量。具体地说,它量化了通过观察一个随机变量而获得的另一个随机变量的"信息量"(单位为 shannons,通常称为 bits)[164]。互信息是两个信息概率分布之间的距离,而信息相关性是两个随机变量之间的线性距离。例如,如果复杂信息界面中有两组信息,那么可以把"有某一属性特征的信息"映射成 0,把"没有某一属性特征的信息"映射成 1,通过计算可以看出两组原始信息是否有某种形式的相关性。同样,也可以将一个连续的变量转换为离散类别,并计算这些类别与另一组信息之间的互信息。

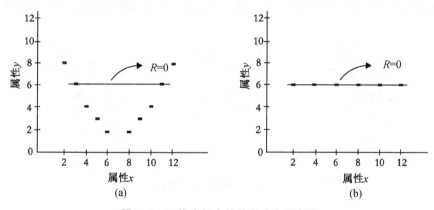

图 5-1　二维坐标中的信息分布示意图

在如图 5-1 所示的信息分布图中,属性 $x$ 和属性 $y$ 的相关性系数均为零,但我们仍可以获得很高的互信息。从 5-1(a)中可以看出,如果 $x$ 取值为 2 或者 10,我们有可能得到一个数值偏大的 $y$ 值,如果 $x$ 的取值范围在[6,8],那么我们就会得到一个数值偏小的 $y$ 值,说明图 5-1(a)中包含了 $x$ 和 $y$ 共享的互信息。而从 5-1(b)中可以看出,属性 $x$ 值的变化没有影响或者关联到属性 $y$ 值的任何信息。用公式表征互信息和信息相关性如下所示:

$$C(x,y) = \sum_{x,y} p(x,y)xy - \left[\sum_x p(x)x\right] \cdot \left[\sum_y p(y)y\right] \tag{5-1}$$

离散随机变量 $x$ 和 $y$ 之间的互信息计算公式为:

$$M(x,y) = \sum_{x,y} p(x,y)\left[\ln p(x,y) - \ln p(x)p(y)\right] \tag{5-2}$$

在 $C(x,y)$ 中创建了两个随机变量乘积的加权和;在 $M(x,y)$ 中创建了联合概率的加权和,并可以解释非独立性对联合概率分布的影响。因此互信息和信息相关性不是对立的,而是互补的,它们是从不同角度对两个随机变量相关关系的描述[165]。

### 5.2.2 信息相关性的度量方法

(1)信息相关性分为线性相关和非线性相关。线性相关的度量单位是皮尔逊相关系数 $r$,它是理解二元关系的主要工具。在绝大多数的应用实践中,它是一种易于计算和解释的关联度量方法。皮尔逊相关系数 $r$ 的应用范围是连续的、正态分布的数据,计算公式如下:

$$C_{xy} = \sum_{i=1}^{N} \frac{(x_i - \bar{x})(y_i - \bar{y})}{N-1} \tag{5-3}$$

$$r_{xy} = \frac{C_{xy}}{\mathrm{Var}(x)\,\mathrm{Var}(y)} \tag{5-4}$$

在公式(5-3),(5-4)中,变量 $x$ 和 $y$ 有 $N$ 对观测值。皮尔逊相关系数 $r$ 为标准化协方差,取值为 $-1$ 表示完全负线性相关关系,$+1$ 表示完全正线性相关关系,0 表示没有线性关系,但这并不意味着两个变量是独立的。图 5-2 显示了与施加回归线不同的相关性案例。

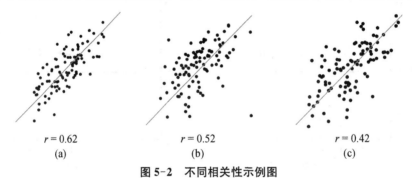

$r = 0.62$　　　　　　$r = 0.52$　　　　　　$r = 0.42$
(a)　　　　　　　　(b)　　　　　　　　(c)

**图 5-2　不同相关性示例图**

对于非线性相关,一般采用 Hoeffding[166] 独立样本的非参数化检验,它测量了 $(x, y)$ 联合秩与边际秩之积的差值。

(2)第二种相关性度量的方法是使用距离相关 $R$ 作为参数。

如果我们分别为任意两个随机变量 $x$ 和 $y$ 定义一个变换后的距离矩阵 $\alpha$ 和 $\beta$,每个矩阵都有元素 $(i, j)$,那么距离协方差定义为:

$$v_{xy} = \frac{\left(\sum_{i,j=1}^{n} \alpha_{ij}\beta_{ij}\right)^{\frac{1}{2}}}{n} \tag{5-5}$$

$$R = \sqrt{\frac{v_{xy}^2}{v_x v_y}} \tag{5-6}$$

距离相关性满足 $0 \leqslant R \leqslant 1$,并且当 $x$ 和 $y$ 是独立变量时,$R = 0$;双变量正常情况下,$R \leqslant |r|$。

## 5.2.3 信息相关性的感知量化方法

信息相关性的感知量化一般是借用心理物理学的方法,主要测试两个指标:相关性的感知精度和感知正确率。其中感知精度通过感知差异阈值JND获得,感知正确率通过测量相关性的心理感知变化量和物理变化量的关系来确定。目前感知差异阈值的计算方法主要分为物理学方法和自适应方法。物理学方法主要包括恒定刺激法、调整刺激法和极限法,其实验实例如图5-3所示。自适应方法主要包括阶梯测量法、顺序测量参数评估法和最大似然自适应方法,其实验实例如图5-4所示。不论是物理学方法,还是自适应方法,都存在各自的局限性:物理学方法实验时间较长,但是假设少;自适应性方法较物理学方法更有效,但前提是实验假设要成立。每个方法的使用条件和局限性如表5-1所示。

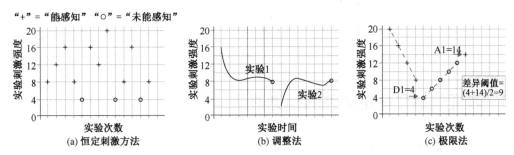

图 5-3 物理学方法测量感知差异阈值示意图

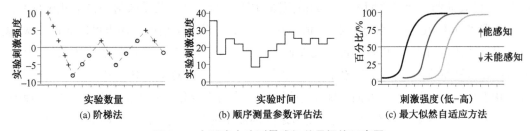

图 5-4 自适应方法测量感知差异阈值示意图

表 5-1 感知阈值测量方法的使用条件与局限性

| 感知阈值测量方法 | | 使用条件 | 局限性 |
|---|---|---|---|
| 物理法 | 恒定刺激法 | 被试观看几组固定的刺激,固定的刺激以随机的方式多次呈现 | 多次重复相同实验刺激,会启动被试的记忆功能 |
| | 调整刺激法 | 调整实验刺激强度到几乎不被察觉,得到绝对阈值;调整刺激到与标准刺激匹配,得到辨别阈值 | 只估计心理测量曲线上的某些点;比极限法求解更快,但是会存在习惯性错误和期望误差 |
| 物理法 | 极限法 | 当注意到刺激或刺激之间的差异时,实验停止;当刺激或刺激之间的差异不再被注意到时,实验停止。最终对实验的停止值求平均值,得到差异阈值 | 只估计心理测量曲线上的某些点容易出现习惯错误,会错误地增加上升实验的阈值,降低下降实验的阈值 |

续表

| 感知阈值测量方法 | | 使用条件 | 局限性 |
|---|---|---|---|
| 自适应法 | 阶梯测量法 | 在一个过渡点之后,提出一个相反方向的刺激。从高于(低于)感知阈值开始,在给定数量的过渡点之后实验停止。最终求解最后 10 个过渡点的平均值 | 实验会产生滞后效应和期望效应,上升阶梯比下降阶梯的阈值更高 |
| | 顺序测量参数评估法 | 加权步长法的变体,开始使用长的步长,随着实验的进行改变步长。每一次响应反转,步长减半。当达到最小值时,步长为常数。当没有反转时,前两个步骤保持相同的大小。从第三步开始加倍。如果反转发生在步长加倍之后,则第三步保持不变 | 随机刺激呈现,习惯错误的风险降低;只有少数几组实验就可以满足实验假设 |
| | 最大似然自适应方法 | 与顺序测量参数评估法类似,但使用逻辑函数作为心理测量函数 | 复杂度、精确度较其他方法最高 |

## 5.3　表征信息变量相关性的视觉形式

目前复杂信息界面中表征变量之间关系最常见的方式是将变量映射到空间维度和视觉特征维度,而且不论是一维空间还是多维空间,都可以将不同的视觉特征用来表征不同的变量[167]。以表征两个变量之间相关性的散点图为例,变量之间的关系映射到笛卡儿坐标系的某个位置坐标上,随着 $x$ 值的增加,$y$ 值也随之增加。$x$ 值和 $y$ 值的增加也可以通过形状、颜色等视觉特征进行表征,再将特征维度设置在位置维度上,因为人类视觉系统所感知的是视觉特征在位置维度上所占据的空间位置。如图 5-5 所示,散点的变化趋势可以通过颜色或者形状表征,也可以在一维方向上随 $x$ 值增加,尺寸相应变化。在界面的信息识别过程中,整合与分割这些视觉特征有助于揭示变量之间的复杂关系。相关性的判断效率取决于所应用的视觉特征形式(编码形式)。例如,如果两个信息变量高度相关,则可以将它们映射到位置维度上,呈线性关系;如果它们之间存在二次函数关系,则可以将它们映射到特征维度上,呈抛物线或者 U 型关系[168]。

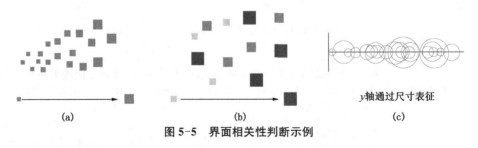

(a)　　　　　　　　　　(b)　　　　　　　　　　(c)

$y$ 轴通过尺寸表征

**图 5-5　界面相关性判断示例**

目前很多学者使用回归分析来研究人类感知视觉特征的绩效水平与对信息相关性判断之间的映射关系。Rensink 等的早期研究发现相关性的识别与基础相关性的阈值大小有直接关系,特别是高相关性比低相关性的信息感知差异阈值更小。当信息相关性的趋势在两个空间轴上被描述时,不论描述趋势的点云是否能被拟合为一个椭圆或者一条曲线,都会涉及对视觉特征的感知。事实上对信息相关性的正确判断,一定需要用户对全局编码有效感知。假设某个视觉特征可以引导用户的判断,则当其特征之间的感知差异超过一定的阈值时,用户应该能始终做出正确判断,反之亦然。因此,与用户判断信息相关性高度相关的视觉特征很可能是用户用来比较相关性的主要视觉来源。为了更好地理解表征信息变量相关性的视觉特征维度,将视觉表征形式分类如表5-2所示。

**表5-2　信息相关性视觉表征形式分类**

| | | | |
|---|---|---|---|
| 全局编码 | 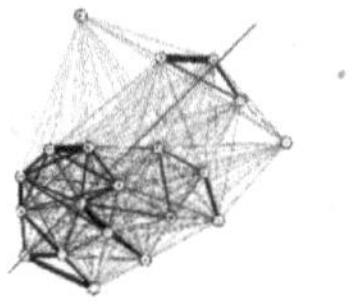 | 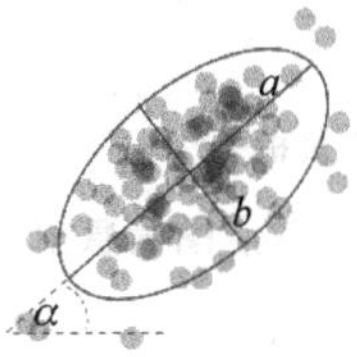 | 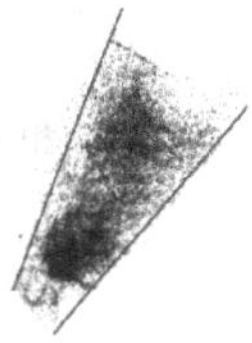 |
| | 评估信息密度和聚类,计算偏态系数等 | 在双变量正态分布的假设下,预测观测的椭圆位置 | 测量置信区间 |
| | 视觉特征——密度 | 视觉特征——比率 | 视觉特征——面积 |
| 单一编码 |  | 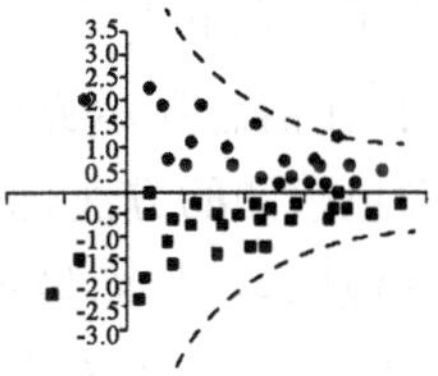 | 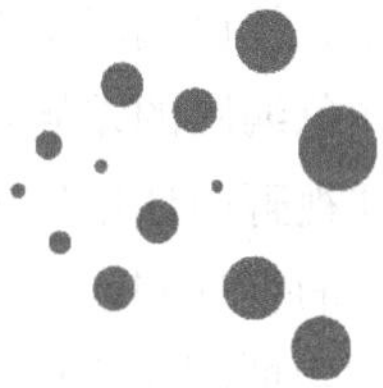 |
| | 变量之间的聚合程度 | 变量之间的相关性 | 变量变化趋势 |
| | 视觉特征——颜色 | 视觉特征——形状 | 视觉特征——尺寸 |

## 5.4　信息相关性判断的感知差异量化实验

下面对信息相关性判断的感知差异规律进行量化研究。我们将采用散点图作为界面模式判断任务中信息相关性量化感知研究的载体。首先是因为散点图作为基本的统计图形已经出现200多年,是展示多变量之间关系模式最常见的可视化形式,不论是随机分布、线性分布、指数分布还是U型分布的变量。而且人类视觉系统能够相对准确的判断散点图的信息相关性的强度,不论是正相关、负相关、强相关还是弱相关,散点图的信息相关性的不同分布形式如图5-6所示。其次,对散点图中皮尔森相关系数$r$的相关性判断是一个明显的视觉感知过程,这在视觉科学上已得到证实[169]。再次,已有学者通过研究得到了散点图中皮尔逊相关系数$r$感知的基本定律——一个用于数值判断的线性法则和一个用于测量感知程度的对数法则[170]。最后,散点图作为多变量显示形式,表征数据的方法多样,可以在散点图中加入不同的视觉变量,进而对所涉及的模式判断任务中的感知规律进行多层次实验研究。

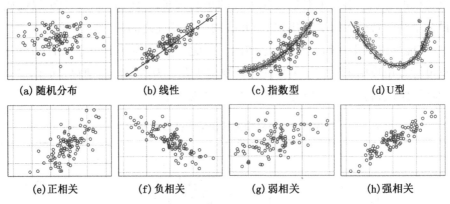

(a) 随机分布　　　(b) 线性　　　(c) 指数型　　　(d) U型

(e) 正相关　　　(f) 负相关　　　(g) 弱相关　　　(h) 强相关

图 5-6　散点图信息相关性的不同分布形式

## 5.4.1　颜色编码对相关性判断的感知影响实验

颜色提供了作用于视觉显示的三个主要通道:色相、明度和饱和度[171]。视觉变量中的颜色编码作为体现信息层级差异的最主要编码形式,对于界面设计的有效性起到至关重要的作用。颜色编码是否合理取决于颜色和对应信息是否有效耦合,主要影响因素是不同信息的颜色编码的差异程度。然而,在信息显示界面设计中选择有效颜色的准则大多是基于在最佳视野中使用均匀场测量颜色感知的方法,例如 CIELab 的色彩感知模型,或者基于用户定性的直觉判断[172]。但是,环境因素、界面显示设置和界面设计的特征属性等限制因素都可能会抑制用户区分颜色的能力,从而导致用户系统地低估颜色之间的感知差异[173],最终影响整个信息系统的安全运行。像其他信息处理系统一样,视觉系统同样会面临信道噪声,而改善噪声之间信号识别的关键就是要对界面中有效信息与底层信息进行合理感知分层。因此研究人类视觉系统构建颜色感知差异的规律将会提高用户对数据的决策判断能力,从而架构以用户感知机制为基础的界面设计与评价系统。目前并没有学者对模式判断任务中颜色编码的量化感知差异进行研究,大多数研究只是通过单一视觉特征的识别任务,对颜色进行比较筛选[174],这些方法只考虑相互孤立的颜色模块,缺乏对复杂信息中多种颜色编码产生视觉重叠的考虑。

在本节实验中,我们将颜色编码与散点图相关性系数判断任务相结合,通过设置相关性判断实验,研究不同颜色编码的感知差异规律,构建感知量化拟合关系,探究颜色编码形式如何指导模式判断任务背景下的复杂信息界面的设计与评价。本节实验中使用了如下两个 JND 变量:自变量中的颜色差异阈值 $D_C$ 和因变量中的相关性判断感知差异阈值 $D_R$,对这两个值的感知研究是一个新的探索和尝试。

### 5.4.1.1　实验被试

本次实验共 20 名被试,所有被试均是在读研究生,平均年龄 21.8 岁,男女比例 1.1∶1

（方差 $\mu_{age}=21.3$，标准差 $\sigma_a=10.3$）。 实验开始前，首先用石原氏色盲测试图对被试色觉进行排查，确保所有被试无色弱色盲，并且视力或者矫正视力正常。其次确保每位被试至少对散点图有一定了解。之后要求被试填写相关信息，包括姓名、年龄、专业、是否有过颜色编码实验经验等，并告知其实验规则和流程。在实验中，如果被试的实验结果超过平均值两个标准差则要被剔除。基于此标准，每次试验中大概有 2～3 个被试的实验数据被剔除。

#### 5.4.1.2　实验材料

为了减少用具体数值直接评估相关性判断任务中的相关系数 $R$ 带来的误差，本书采用改进的阶梯法和量化法分别求得散点图的相关性判断精度以及相关性判断正确率。实验中的每组实验材料均由目标散点图与干扰散点图组成，如图 5-7 所示。其中目标散点图颜色固定，干扰散点图颜色通过调整颜色三属性得到，即调整色相、明度和饱和度。实验中设置了三组实验条件与一组无干扰色的对照条件，这样可以系统地研究不同颜色色差对人类视觉系统感知的影响。其中目标散点图颜色固定，从 $L^*=25$ 到 $L^*=80$（$L^*$ 为颜色亮度）的 CIELab 色域中提取，干扰散点图颜色是通过改变与目标散点图颜色的色差值来确定的。为了防止与干扰色重叠，丢弃掉颜色通道 $a^*$（红色到深绿）和颜色通道 $b^*$（蓝色到黄色）50% 的中性灰色，最终从 $L^*=[25,80]$，$a^*=[-29,48]$，$b^*=[-40,48]$ 中采样 27 种测试颜色。自变量为目标散点图的相关性系数（$R_{target}$）分别为 0.3、0.6、0.9，如图 5-7(a)所示，干

$R_{disturb}=0.3$　$R_{target}=0.9$　　$R_{disturb}=0.3$　$R_{target}=0.6$　　$R_{disturb}=0.3$　$R_{target}=0.3$

目标色●　干扰色●　　　目标色●　干扰色●　　　目标色●　干扰色●

（a）不同颜色的目标散点图与干扰散点图的相关性系数表征图

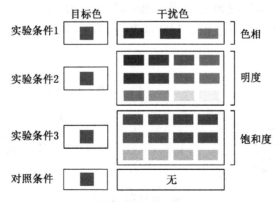

（b）实验材料汇总图

**图 5-7　实验材料**

73

扰散点图的相关性系数 $R_{\mathrm{disturb}}$ 保持 0.3 不变。因变量为判断精度 $D_R$、判断正确率($R$ 的主观变化量)和反应时 $T_R$。为了提高数据的收敛效果,目标散点图的相关性取值范围为[0,1]。为了避免出现低相关性下的地板效应[41],对于 $R<0.3$ 的相关性不予测试,最终组间实验总计为 3×4×4=48 个。正式实验之前,实验屏幕上会显示 10 组预实验图,以便被试提前熟悉实验流程。

### 5.4.1.3 实验设备与显示

实验开始时,被试被要求坐在一台 17 英寸(433.18 mm)显示器前 550 mm 处,用PR 655 光谱辐射计校准显示器上的色度和亮度。其中屏幕分辨率为 1 280 像素×1 024 像素,亮度为 92 cd/m² 。每组散点图被放置在坐标轴中心位置,目标散点图与干扰散点图的点云面积比不低于 0.4。每个散点图都是由正态分布的伪随机数随机生成。假设任意一个散点的横坐标是 $x$,随之 $y$ 被创建,并利用公式(5-7)创建一组有相关性的散点($x$,$y'$)。

$$y'=Rx+\sqrt{1-R^2}\,y \tag{5-7}$$

为了防止生成的随机散点超过显示图形范围,进行如下设置:如果其中任何一个点超过平均值 2.5 个标准差将被自动剔除,并用公式(5.7)生成的新散点代替剔除的点。

### 5.4.1.4 实验过程

本实验由两部分组成:相关性判断精度实验和相关性判断正确率实验。

基于改进的阶梯法的相关性判断精度实验过程设置如下:如图 5-8 所示,首先屏幕中心呈现注视点"Ready",按键盘上任意键开始实验。屏幕中央出现两个并排放置的散点图,每个散点图都由底层的干扰颜色散点图和表层的目标颜色散点图构成,两个散点图中的目标散点图的相关性系数初始差异设置为 0.1,被试需要对目标散点图相关性系数的高低作出判断。若屏幕左侧的目标散点图相关性系数高则按键盘的"A"键,若右侧的相关性系数高则按"L"键。如果被试正确选择了高相关性的散点图,那么实验程序中两个目标散点图的相关性系数差异相应会自动减少 0.02;如果被试选择错误,则相关性系数差异相应会自动增加0.05,这一过程一直持续到发现相关性判断的感知差异阈值 $D_R$ 或相关性判断精度达到 75% 时为止。为了确保被试不会对已作出判断的散点图产生强加记忆,每次都会用新散点图替换。

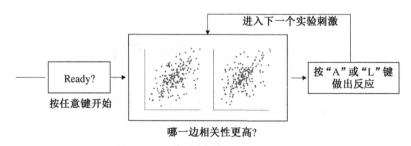

图 5-8　相关性判断精度实验框架图

　　基于量化法的相关性判断正确率实验过程设置如下：如图 5-9 所示，屏幕其中一侧显示参考散点图（参考散点图中的 $R_{target}$ 为 0.3、0.6、0.9），屏幕另一侧显示的是测试散点图——目标相关性系数随机高于或低于参考散点图，并且参考散点图和测试散点图在屏幕中的左右位置是随机的。参考散点图与测试散点图的初始差值分别是 0.02 和 0.05，被试调整测试散点图相关性的时间与调整次数不限（单次调整相关性系数为 0.02），直到被试感知测试散点图的相关性与参考散点图的相关性相等为止，点击空格键进入下一个子条件。实验中增加相关性系数按键盘"A"键，减少相关性系数按键盘"L"键。

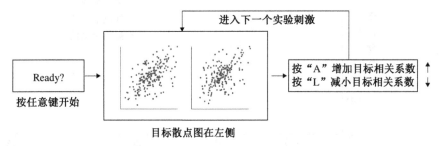

图 5-9　相关性判断正确率实验框架图

### 5.4.1.5　结果分析与讨论

（1）相关性判断精度实验结果分析

　　实验结果中相关性判断的差异阈值 $D_R$ 反映了相关性判断精度。在对实验结果进行分析前，为了削弱数据拟合模型的共线性和异方差性，需要对实验数据进行对数转换，使数据更趋稳定，最终全字段去重后共收集了 7 529 个被试样本。T 检验显示不同性别的被试在相关性判断精度方面无显著性差异（检验水平 $P = 0.093\,8 > 0.05$）。但从被试反应时来看，被试花费的任务时间越长，$D_R$ 越大（$b = -1.6\%$，$R = 0.83$）。

　　被试在实验中作出判断的平均时间为 1 200 ms。在对因变量结果的分析中强调了效应量，给出 95% 的置信区间。首先对差异阈值 $D_R$ 的平均值进行组内 ANOVA 分析，结果表明，自变量 $D_C$ 对因变量 $D_R$ 的线性关系显著。组间效应量显示颜色差值和不同的相关性系数对因变量 $D_R$ 有显著性影响（显著性差异水平 $F = 4.662$，$P = 0.002 < 0.05$，效应量估算值 $Eta^2 = 0.014$）。如图 5-10 所示，对于不同色相、明度和饱和度的干扰散点图，目标散点图的相关性系数 $R$ 与 $D_R$ 成负线性关系，符合韦伯线性定律。目标散点图与干扰散点图的 $D_C$ 越大，$D_R$ 则越小，但是当目标散点图的相关性趋近于 0.9 时，即散点接近于完全相关的情况下，$D_R$ 的值几乎不受 $D_C$ 的影响。从图 5-11 可看出，以蓝色为例，当不同明度的蓝色 $D_C$ 越大时，相关性判断任务中的 $D_R$ 则越小。图 5-10 和图 5-11 中调整后的拟合系数 $R^2$ 是剔除了回归分析中自变量个数的影响后得到的。对 $D_R$ 进行最小二乘拟合，得到斜率为 $K_s = [-0.176, -0.276]$，截距为 $b = [0.180, 0.285]$，该式与韦伯定律的线性公式一致，因此，可将图中的 $D_C$ 和 $D_R$ 的线性关系表示为：

$$D_C = K_1 \Delta E \quad (0 < K_1 < 1) \tag{5-8}$$

$$D_R = K_1(1/e) - D_C \tag{5-9}$$

其中 $K_1 = -K_s$ 为韦伯分数；$\Delta E$ 为色差值；$e$ 为偏移量参数，即 $D_R$ 与 $D_C$ 交点的倒数。由公式(5-9)可看出，$K_1$ 和 $e$ 越接近于 0，信息相关性判断精度就越高。

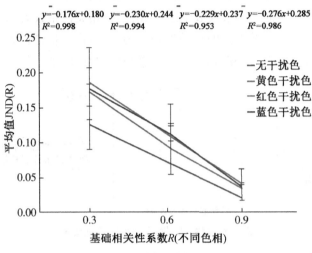

图 5-10    不同色相条件下目标散点图的相关性系数 $R_{target}$ 与 $D_R$ 的关系

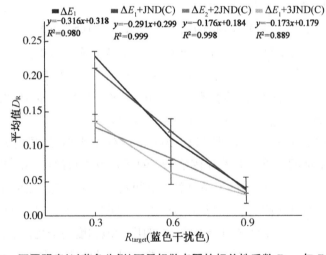

图 5-11    不同明度(以蓝色为例)下目标散点图的相关性系数 $R_{target}$ 与 $D_R$ 的关系

（2）相关性判断正确率实验结果分析

基于改进的量化法的散点图识别正确率实验结果如图 5-12 所示，偏移量参数 $e$ 和均方根误差如表 5-3 所示，每个被试的平均标准误差为 0.36。从图中可看出，当目标散点图的相关性 $R$ 在 0.3～0.5 和 0.7～0.9 时，无论干扰散点图存在与否，目标散点图的相关性系数都被低估，尤其当相关性系数在 0.3～0.5。由式(5-9)得 $K = \Delta_R/(1/e - D_C)$，其中 $\Delta_R$ 为相关性系数变化量。结合韦伯公式，有 $\Delta I = S_C \Delta_R/(1/e - D_C)$，其中 $S_C$ 为常量。因为 $\Delta_R$ 趋近于 0，$D_C$ 趋近于 $\Delta E$，最终结合式(5-8)、式(5-9)可得：

$$dg = S_C d\Delta E / (1/e' - \Delta E) \tag{5-10}$$

$$g(\Delta E) = -S_C \ln(1/e' - \Delta E) + S_0 \tag{5-11}$$

其中 $S_0$ 为积分常数。

费希纳幂函数定律[175]中强调心理量的变化与物理量的对数变化成正比，这与根据相关性判断正确率得到的对数公式一致。如表 5-3 所示，在精度和正确率判断实验中，偏移量参数 $e$ 和 $e'$ 的值近似相等。

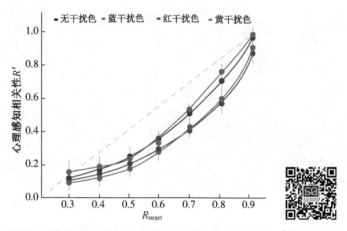

图 5-12　不同条件下目标相关性系数 $R_{target}$ 与心理感知相关性系数 $R'$ 的变化关系

表 5-3　偏移量参数 $e$ 和均方根误差表

| 实验条件 | 参数 $e$ 精度 | 参数 $e'$ 正确率 | RMSE |
|---|---|---|---|
| 无干扰 | 0.869 | 0.901 | 0.020 |
| 黄色干扰色 | 0.952 | 0.955 | 0.017 |
| 红色干扰色 | 0.893 | 0.914 | 0.024 |
| 蓝色干扰色 | 0.814 | 0.892 | 0.025 |

### 5.4.1.6　结果讨论

通过对相关性判断精度实验研究得到，不同的相关性系数 $R$ 和不同的散点颜色差值 $\Delta E$ 分别与相关性判断感知差异阈值 $D_R$ 成线性关系，并且目标散点图与干扰散点图的 $D_C$ 越大，$D_R$ 越小，但是当目标散点图的相关性趋近于 0.9 时，即散点接近于完全相关的情况下，$D_R$ 的值几乎不受 $D_C$ 的影响。通过对相关性判断正确率实验研究得到，自变量中的相关性系数变化量以及颜色差值变化量与因变量中的被试感知变化量成对数关系，并且当相关性系数在 0.3～0.5 时，被试感知变化量被低估。基于精度实验和正确率实验数据建模得到，在满足费希纳定律的前提下，不同信息界面相关性判断任务的评价指标可以只用两个参数确定：$e$ 和 $\Delta E$。

#### 5.4.1.7 案例验证

在一些特定的任务环境中,如监控、调度、作战任务等,其对应的信息界面一般都是复杂系统的人机交互界面。图 5-13 为某电力监控信息界面的两种简化形式,分别为散点界面和极坐标界面,该界面是监控每个场站的高能量利用率,其中地域相关性是需要优先关注的重要指标。实验任务如下:通过设置能量利用率 $EBA<80\%$ 和 $EBA<60\%$ 之间不同的颜色差值,判断图中两种界面形式中 $EBA<60\%$ 的各地域相关性系数 $R$,当出现地域相关性大于0.5或小于 0.5 时,立即按键盘空格键进行反应。

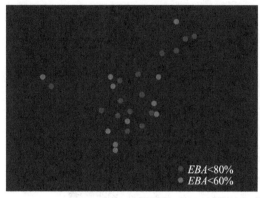
(a) 散点界面

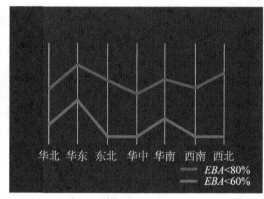
(b) 极坐标界面

**图 5-13　电力监控复杂信息界面**

图 5-13(a)、(b)中,$EBA<80\%$ 与 $EBA<60\%$ 的颜色差值均有 3 个子条件:$\Delta E_1 = 48.20$,$\Delta E_2 = 78.27$,$\Delta E_3 = 87.64$。剔除实验结果中的异常值后,首先进行多因素方差分析,得到不同的界面形式和不同的颜色差值对反应时都有显著性影响,$P = 0.008$,$0.001 < 0.05$。从反应时的统计结果(见表 5-4)可看出,色差值越大,反应时越小。这说明在不考虑界面形式的前提下,色差值越大,相关性判断精度和正确率越高。其次判断哪个界面形式的任务绩效最优,这需要结合被试的心理感知相关性和物理相关性的线性拟合参数 $e$ 进行比较,如表 5-5 所示。

**表 5-4　实验反应时统计结果**

| 色差值 | 界面形式 | 平均值 | 标准偏差 | 个案数 |
|---|---|---|---|---|
| $\Delta E_1$ | (a) | 764.85 | 113.61 | 12 |
| | (b) | 810.35 | 128.75 | 12 |
| $\Delta E_2$ | (a) | 703.25 | 121.47 | 12 |
| | (b) | 807.35 | 108.40 | 12 |
| $\Delta E_3$ | (a) | 680.90 | 118.84 | 12 |
| | (b) | 779.45 | 135.10 | 12 |

表 5-5　不同界面形式的感知相关性线性拟合参数

| 相关性 | 界面形式 | $K$ | $b$ | $e$ |
|---|---|---|---|---|
| $R < 0.5$ | (a) | $-0.18$ | 0.16 | 0.875 |
| | (b) | $-0.15$ | 0.13 | 0.912 |
| $R > 0.5$ | (a) | $-0.22$ | 0.20 | 0.873 |
| | (b) | $-0.19$ | 0.17 | 0.796 |

根据上述分析,当物理相关性系数 $R < 0.5$,色差为 $\Delta E_3$ 时,极坐标界面的相关性判断绩效更高;当物理相关性系数 $R > 0.5$,色差为 $\Delta E_3$ 时,散点界面的相关性判断绩效更高。

#### 5.4.1.8　实验结论

通过本部分实验,得到以下结论:

(1)相关性判断任务的感知拟合关系

对于高斯分布的散点图,不同的色差值与相关性判断之间的感知精度符合线性函数关系,不同的色差值与相关性判断之间的感知正确率符合对数函数关系。在有干扰颜色的散点图存在的情况下,目标相关性判断的感知差异阈值仍满足韦伯定律。

干扰散点图会降低相关性判断的任务绩效。目标相关性系数越低,相关性判断任务绩效越低,但是在满足费希纳定律的前提下,不同信息界面的相关性判断任务的评价指标可以仅用两个参数确定 $e$ 和 $\Delta E$。

(2)相关性判断任务的感知差异规律

当目标散点图的相关性趋近于 0.9 时,即散点接近完全相关的情况下,$D_R$ 几乎不受 $D_C$ 的影响。相关性判断正确率结果表明,当相关性系数在 0.3~0.5 时,被试对相关性判断任务的感知变化量会低估。

因此,在对界面中两组相关性系数小于 0.5 的信息集进行编码设计时,颜色编码可以作为目标信息集相关性判断的主要全局编码形式,但是对于相关性系数大于 0.5 的信息集合,颜色编码则不能作为分割目标信息集和干扰信息集的主要全局编码形式。

### 5.4.2　冗余编码对相关性判断的感知影响实验

第 5.4.1 节对单一视觉特征——颜色编码对信息相关性判断的感知影响进行了实验研究,得到了二维空间散点图中目标相关性的感知结果。从目标相关性差异阈值的线性关系可以看出,在干扰散点图存在的情况下,对目标数据的感知仍然是一个全局感知的过程。即使目标颜色与干扰颜色差值非常小,也可以对目标相关性进行正确判断。本节实验是在第 5.4.1 节实验的基础上,对实验过程进行的复制和扩展,以便探究冗余编码对相关性判断感知的影响。

#### 5.4.2.1　实验被试

被试的基本信息与第 5.4.1 节的相同,依据异常值剔除标准,本节实验中有一个被试的数据被剔除。

#### 5.4.2.2　实验材料

实验中的目标散点图使用了 0.588 93°视角的正方形,干扰散点图使用了相同视角的圆形。使用了和第 5.4.1 节实验相同的颜色范围,如图 5-14 所示。

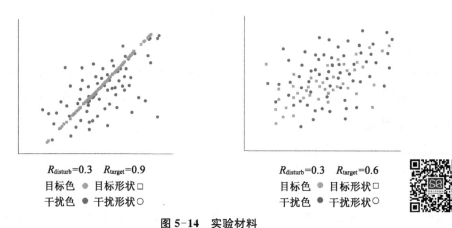

$R_{disturb}=0.3$　$R_{target}=0.9$　　　　$R_{disturb}=0.3$　$R_{target}=0.6$
目标色 ● 目标形状 □　　　　目标色 ● 目标形状 □
干扰色 ● 干扰形状 ○　　　　干扰色 ● 干扰形状 ○

**图 5-14　实验材料**

#### 5.4.2.3　实验设备与显示

本实验所用仪器和显示方法与第 5.4.1 节实验基本相同。不同之处在于目标散点图和干扰散点图中的数据点使用了视觉特征组合形式,将实验刺激中的单一视觉特征替换成组合视觉特征,即使用颜色和形状组合的冗余编码形式。另外,第 5.4.1 节实验中将没有干扰散点图的实验条件作为对照组,而本实验中的对照组是第 5.4.1 节实验中的感知差异实验结果。

#### 5.4.2.4　实验过程

本实验与第 5.4.1 节实验过程中的调整参数相同。相关性判断精度实验中,被试观察显示界面中的一组实验刺激,对哪个目标散点图的相关性更高进行判断,使用键盘中的"A"键(代表左边相关性更高)和"L"键(代表右边相关性更高)作出选择。相关性判断正确率实验中,被试对测试散点图中的目标相关性系数的大小进行调整,直到被试感知测试散点图和基础散点图中的目标相关性系数相等为止,按键盘中的空格键进入下一个子条件。正式实验之前,实验屏幕上会显示 10 组预实验,以便被试提前熟悉实验流程,确保被试清楚实验内容。实验流程如图 5-15 所示。

#### 5.4.2.5　结果分析与讨论

（1）相关性判断精度分析

实验结果中相关性判断的感知差异阈值 $D_R$ 同样反映了相关性判断精度。被试在实验中作出相关性判断的平均时间为 1 316 ms,和颜色编码条件下的平均时间相比,变化不明显。在对因变量的结果分析中强调了效应量,给出 95% 的置信区间。首先对 $D_R$ 的平均值

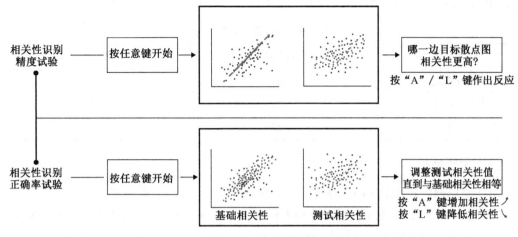

图 5-15 实验流程图

进行组内 ANOVA 分析,结果表明,自变量 $D_C$ 对因变量 $D_R$ 的线性关系显著。组间效应量显示,自变量中不同的颜色差值以及相关性系数对因变量 $D_R$ 有显著影响(显著性差异水平 $F=11.662$,$P=0.000<0.05$,效应量估算值 $Eta^2=0.012$)。 事后的 Tukey 检验显示,当自变量中的目标相关性系数大于 0.7 时,干扰散点图与目标散点图颜色之间的差值对因变量没有显著性影响($P=0.117>0.05$)。 如图 5-16 所示,和第 5.4.1 节实验结果相比,当目标散点图的相关性系数为 0.3 时,冗余编码条件下的相关性判断的感知差异阈值比颜色编码条件下高;但是当相关性系数大于 0.6 时,冗余编码条件下与颜色编码条件下的感知差异阈值无显著性差异。对于不同色相、明度和饱和度的干扰散点图,目标散点图的相关性系数 $R_{target}$ 与 $D_R$ 成负线性关系,均符合韦伯线性定律。

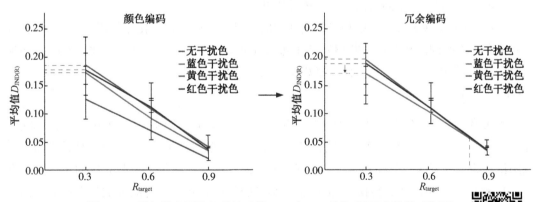

图 5-16 目标散点图的相关性系数 $R_{target}$ 与 $D_R$ 的关系(冗余编码对比图)

(2) 相关性判断正确率分析

在有形状编码存在的情况下,基于改进的量化法的散点图相关性判断正确率的均方根误差如表 5-6 所示,每个被试的平均标准误差为 0.218。当目标散点图的相关性 $R_{target}$ 在 $0.3\sim0.6$ 和 $0.7\sim0.9$ 时,无论干扰色存在与否,散点图的相关性系数都被低估。这与第

5.4.1节的实验结果基本一致,并且对数关系的拟合程度和公式(5-9)一致。

**表 5-6 均方根误差对比表**

| 实验条件 | 颜色编码条件 | 冗余编码条件 |
|---|---|---|
| 黄色干扰色 | 0.017 | 0.013 |
| 红色干扰色 | 0.024 | 0.013 |
| 蓝色干扰色 | 0.025 | 0.032 |

#### 5.4.2.6 实验结论

对于颜色编码和冗余编码条件下的实验结果不同的解释为,被试在观察相关性系数大于 0.5 的感知任务时,视觉系统可以在很大程度上抑制颜色编码信息,从而有利于只使用形状编码信息进行识别任务。说明在处理信息相关系数高的全局任务时,被试感知形状编码的能力可能优先于颜色编码。相反,当被试在观察相关系数低的全局任务时,被试的识别精度受颜色特征空间中目标颜色和干扰颜色差异的影响,形状编码会促进视觉系统对颜色编码的感知。也可见冗余编码的存在并未破坏系统性感知的过程。

### 5.4.3 空间维度对相关性判断的感知影响实验

已有研究[18]表明,当皮尔逊相关性系数小于 0.2 时,被试几乎感知不到任何相关性的变化,并且实验结果并不依赖于被试的统计背景知识。随后 Rensink 等[40]通过设置不同的散点数量、散点密度以及纵横比,对二维空间的散点图相关性系数判断进行了感知实验研究,实验结果表明,对散点图相关性系数的感知不受散点分布的影响,它其实是一个全局编码的过程。尽管这些研究具有重要意义,但也有局限性,因为这些实验研究均是在二维空间维度中进行的,并未对一维空间内的信息相关性感知进行探讨。

因此,本节实验主要对一维和二维空间中的信息相关性感知量化差异进行深入研究,并对一维和二维空间的相关性判断感知结果进行比较,构建视觉系统对相关性判断的感知拟合关系,最终作用于复杂信息界面信息相关性的设计与评价中。

#### 5.4.3.1 实验被试

本实验共有 22 名被试,被试的平均年龄为 22.7 岁,男女比例 1.2∶1(方差 $\mu_{age} = 20.6$,标准差 $\sigma_a = 9.8$),被试来自机械学院、心理学院和计算机学院的在读生。每个被试都需要完成两组实验条件下的相关性判断正确率任务和判断精度任务。每组实验完成的平均时间在 30~40 min,所以组间实验转换时,被试有半小时的休息时间。所有的被试都有过散点图实验的经验,或者使用过散点图来统计信息。被试被给予足够的时间来完成每个任务,在实验之前明确给被试说明实验的正确率对于分析实验数据很重要。在正式实验之前会进行 10 组预实验,以便被试熟悉实验流程。

#### 5.4.3.2 实验材料

本实验需要完成两组实验任务,第一组实验中的散点图在二维空间中,$y$ 轴随着 $x$ 轴的变化成线性拟合关系,第二组实验中的散点图的 $y$ 轴(第二个数据维度)表征用数量表示。两组实验中的散点数量均为 100 个,一维空间和二维空间中的散点均为正态分布,并且在二维空间中,散点分布在垂直和水平位置均为 6° 的范围内,平均值设置为范围的 0.5,标准差设置为范围的 0.2,每个散点图在界面中生成时存在小于 0.000 1 的相关性误差。为了提高数据收敛效果,散点图的相关性取值范围在 [0,1],并且对于 $R < 0.3$ 的相关性不予测试。正式实验之前,基于实验的任务难度,实验屏幕上会显示两组实验任务,以便被试提前熟悉实验流程。

测试的散点图基础相关性系数范围在 0.3~0.8,以 0.1 递增。测试顺序通过拉丁方设计决定。本实验中测量的均是正相关系数,对于相关性系数小于 0 的不做统计。所有子条件实验完成后的阈值算法如阶梯测量法所示。调整与基础相关性系数之间的差值,直到子窗口平均值的方差为子窗口平均方差的 0.25,也就是说,当被试判断精度稳定在 75% 时,感知差异阈值被测出。实验流程如图 5-17 所示。

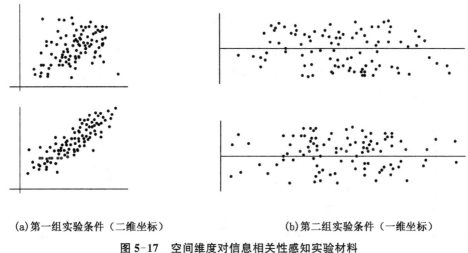

(a)第一组实验条件(二维坐标)　　　　　　(b)第二组实验条件(一维坐标)

图 5-17　空间维度对信息相关性感知实验材料

### 5.4.3.3　实验设备与显示

实验时,被试被要求坐在一台 17 英寸(433.18 mm)显示器前 550 mm 处,用 PR 655 光谱辐射计校准显示器上的色度和亮度。其中屏幕分辨率为 1 280 dpi×1 024 dpi,亮度为 92 cd/m² 。每个散点图都由正态分布的伪随机数随机生成,假设任意一个点的横坐标是 $x$,则通过公式(5-7)得到 $y'$。为了防止生成的随机点超过图形范围,如果其中任何一个点超过平均值 2.5 个标准差将被自动剔除,并用公式(5-7)生成的新点代替剔除的点。另外,本实验的刺激生成的程序中还有一个缩放算法,以确保在任何大于 17 英寸的显示器中散点大小是一致的。

### 5.4.3.4　实验过程

本实验过程遵循第 5.4.1 节的实验过程。在每组实验条件下,被试被同时展示两个散点图,其中一个散点图的相关系数总是比基础散点图的相关系数高。被试被要求判断哪个散点图的相关性系数更高。每个实验中,在被试做出响应按键后延迟 300 ms 会出现一组新的散点。每个实验结束后,被试都会在屏幕中央收到正确与否的结果反馈,表明他们的判断是正确的还是错误的。被试被允许有足够的时间来完成每个实验子条件。

### 5.4.3.5 结果分析与讨论

（1）相关性判断精度分析

分析所有被试的相关系数平均差异阈值和主观相关性评估。在计算被试的平均值之前,对 JND 进行对数转换。对数据的拟合分析是基于拟合误差的平方和,根据残差均方根（均方根误差）计算误差,以均方根值代表平均值。为了获得斜率,在每个条件下,对每组相关性进行 JND 性能拟合最小二乘直线。这条直线的负斜率是可变性参数 $k$,它描述了识别的精度。为了确定实验结果是否也可以使用韦伯定律建模,遵循了 Micallef L[22] 的模型拟合过程。调整后的相关系数 $r_A$ 是一种对称的测量方法,其中相关性系数 $r$ 通过以下方法转化:

$$r_A = r \pm 0.5 \mathrm{JND}(r) \tag{5-12}$$

不同条件下,基础相关性与差异阈值的拟合关系如图 5-18 所示。图中的误差条表示 95% 的置信区间。在生成的图中,$r$ 的最大误差比得到的差异阈值小得多,这使得它不会对最终估计值产生重大影响。

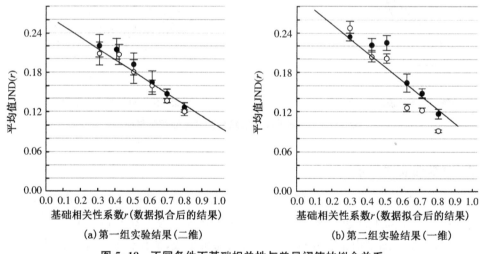

(a) 第一组实验结果（二维）　　　　(b) 第二组实验结果（一维）

**图 5-18　不同条件下基础相关性与差异阈值的拟合关系**

从图中可以看出,二维空间的感知差异阈值的拟合更接近于线性关系。当相关系数大于 0.5 时,二维空间和一维空间的感知绩效水平相差不大;当相关系数小于 0.5 时,二维空间的感知绩效水平比一维空间的绩效水平大。

（2）相关性判断正确率分析

基于聚合数据的结果如图 5-19 所示。

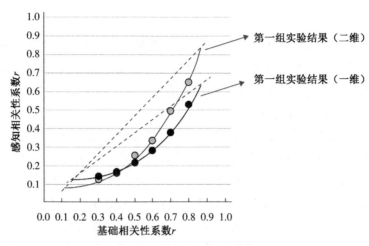

图 5-19 基础相关性与感知相关性的拟合关系图

与其他研究相同,对于二维空间,在 $0.3 < r < 0.6$ 均出现对相关性的严重低估。相较于二维空间,一维空间的相关性感知在 $0.3 < r < 0.8$ 都会产生不同程度的低估。从图中的拟合曲线可以看出,不论是一维空间还是二维空间,基础相关性和感知相关系的拟合关系是接近对数关系的。

将 JNDs 的截距、斜率,相关系数 $r$、$r^2$ 和 $r_A$ 的函数,以及感知估计中的截距和斜率的总结如表 5-7 所示。通过表 5-7 中的数据对比,回归分析中二维空间的散点图的线性拟合关系比一维空间的线性拟合关系好,在二维空间展示信息相关性似乎是表现最好的界面效果之一。从识别精度和正确率实验中的拟合回归线的截距来看,一维空间的感知不满足费希纳定律假设($b$ 值不近似相等)。

表 5-7 一维空间与二维空间回归系数总结表

| 实验 | 条件 | 截距 $b$ | 斜率 $k$ | 相关性 $r$ | 决定系数 $r^2$ | 均方根 RMS |
|---|---|---|---|---|---|---|
| 识别精度 | 二维 | 0.89 | −0.253 | −0.988 | 0.980 | 0.051 |
| | 一维 | 0.73 | −0.29 | −0.858 | 0.771 | 0.035 |
| 识别正确率 | 二维 | 0.92 | — | — | — | 0.020 |
| | 一维 | 0.87 | — | — | — | 0.050 |

#### 5.4.3.6 实验结论

二维空间相关性的感知差异阈值的拟合更接近线性关系。不论是二维空间还是一维空间,基础相关性与感知相关性的拟合关系接近对数关系,并且当相关系数大于 0.5 时,二维空间和一维空间的感知绩效水平相差不大;当相关系数小于 0.5 时,二维空间的感知绩效水平比一维空间的绩效水平大。在一维空间中,信息相关性的感知低估水平比二维空间高。

## 本章小结

本章首先介绍了信息相关性的相关理论基础,主要从互信息与信息相关性的差异、信息相关性的度量方法以及信息相关性的感知量化方法等方面进行深入研究。然后对表征信息变量相关性的视觉形式进行分类总结。最后基于以上理论基础,开展了三组信息相关性感知差异量化实验研究,实验结论如下:

(1) 首先,对于高斯分布的散点图,不同的色差值与相关性感知之间的识别精度符合线性函数关系,不同的色差值与相关性感知之间的识别正确率符合对数函数关系。在有干扰颜色的散点图存在的情况下,目标相关性的感知差异阈值仍满足韦伯定律。其次,目标散点图中的干扰散点图会降低识别相关性的任务绩效,并且信息相关性越低,任务绩效越低,而且在创建两组散点时,散点之间颜色的微小差异不会对被试查看相关性判断精度造成显著影响。但是在满足费希纳定律的前提下,不同信息界面相关性判断任务的评价指标可以仅用两个参数 $e$ 和 $\Delta E$ 确定。最后,在设计相关性系数小于 0.5 的信息集合时,颜色编码可以作为目标信息集合相关性判断的主要全局编码形式,但是当设计相关性系数大于 0.5 的信息集合时,颜色编码不能作为分割目标信息集合和干扰信息集合的主要全局编码形式。

(2) 被试在观察相关性系数大于 0.5 的感知任务时,视觉系统可以在很大程度上抑制颜色编码信息,从而有利于只使用形状编码信息进行识别任务。说明在处理信息相关系数高的全局任务时,被试感知形状编码的能力可能优先于颜色编码。相反,当被试在观察相关系数低的全局任务时,被试的识别精度受颜色特征空间中目标颜色和干扰颜色差异的影响,且形状编码会促进视觉系统对颜色编码的感知。综上,冗余编码的存在并未破坏系统性感知的过程。

(3) 在设计不同维度的界面信息相关性时,当信息相关性系数小于 0.5 时,设计维度以二维空间为主;当信息相关性系数大于 0.5 时,一维和二维的设计形式对感知结果影响不大。

# 第六章 量级总结任务驱动的全局感知差异量化研究

本章首先对量级总结任务的相关感知理论和影响量级总结任务的视觉因素做了剖析,包括信息整合机制和视觉引导搜索机制,以及对视觉拥挤、信息冗余等因素如何影响量级总结任务进行了系统分析。基于相关理论,开展了三组实验研究,分别为视觉敏感度排序实验、信息编码对量级比较任务的感知影响实验和颜色编码对量级评估任务的感知影响实验。最后对实验结果进行分析和讨论,得到了量级总结任务驱动的全局感知差异拟合关系和感知规律,为量级总结任务驱动的信息界面设计与评价提供了指导。

## 6.1 概述

对于复杂信息界面,人类视觉系统首先对界面进行信息感知,然后对感知到的信息进行整合处理。对信息的有效整合是人类做出正确决策的前提,对信息整合的质量和效率直接决定最终的决策绩效。因此我们需要研究在不同的编码形式下信息整合是如何进行的,而对信息整合的研究一般需要对行为任务的研究进行分析。本章选择量级总结任务作为对信息整合研究的行为任务,因为在进行量级总结任务时,大脑会利用视觉统计结果来整合并压缩相似信息,以保留对信息集合的整体判断,而这种整体判断正是对统计信息的估计,也就是对信息的整合过程。

对于量级总结任务的研究,Ariely[2]和Burbeck[176]等学者提出了在相似目标信息集出现的情况下视觉变量编码统计任务的方法,但是并没有研究视觉统计是如何感知编码信息的。因此,在不同的视觉特征下,量级总结任务的感知绩效是否具有鲁棒性,以及哪些视觉特征会对总结任务产生感知差异,这些都需要进一步研究。

本章通过利用感知差异评估方法对量级总结任务的感知差异进行量化实验研究,通过对实验结果的分析与总结,构建心理变化量和感知变化量的拟合关系,以量化视觉统计是如何总结和判断信息的。量级总结任务驱动的全局编码感知实验研究可以更好地了解数据信息是如何被视觉系统统计出来的,可以支持对原始数据更广泛的统计分析,进而更合理地设计和评价信息界面。

## 6.2 量级总结任务的感知理论基础

### 6.2.1 信息整合理论

每个复杂信息界面都会包含许多相似的信息,即同一层级的信息。大脑会利用统计规律来压缩这些相似信息,而不是将我们的视野内生成的所有信息进行了高保真存储,例如导航栏里的各个信息首先会被观察者压缩为导航信息。在相关的研究中,Norman H. Anderson 提出了一个简单而灵活的模型,称为"信息整合理论"[120],它主要描述如何内化和整合多个信息源的刺激,最终生成一个可量化的刺激响应。然而,为了得到最终的响应,必须将可观测变量的多个信息源分成三个不可观测的阶段进行分析,即第一阶段的刺激解释,第二阶段的刺激整合,第三阶段的响应构造,这个过程称为三个不可观测的心理过程[177]。信息整合理论侧重于评估在做出复杂判断时所涉及的不可观测的心理过程,它是围绕四个相互关联的心理学概念发展起来的,分别为刺激整合、刺激评价、认知代数和功能测量。该理论还提出了三个基本函数:评价函数 $V(S)$,整合函数 $f = g\{s_1, s_2, \cdots, s_n\}$ 和响应函数 $F = I(f)$。信息整合理论与其他理论的不同之处在于,它不是建立在一致性原则上,而是依赖数学模型[178]。信息整合理论的具体流程如图 6-1 所示。

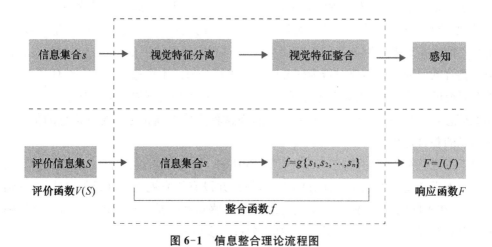

图 6-1 信息整合理论流程图

(1) 评价函数 $V(S)$:评价函数是从物理刺激中提取信息并将其转化为心理衍生函数的过程。从复杂信息界面的信息布局和表征形式可以看出,观察者的感知行为不是单一刺激所致,而是多种因素相互作用。如果感知到的信息受颜色、尺寸和形状等多编码形式的混合影响,那么评价函数则被看作是对不同编码刺激的数值加权。当不同的用户整合复杂信息界面中的某个信息集合时,不同用户提取信息的反应时会不同,因为不同用户对视觉特征的衡量是不同的。

（2）整合函数 $f$：提取信息的过程是颜色、尺寸、形状等因素共同作用的过程，信息集合理论试图分析这些因素在心理上是如何被整合的。由于整合与评价一样是心理过程，因此它也是不可观测的因素。物理上不可能观察到整合的心理过程，但是使用对行为实验进行量化分析的方法可以推断在此过程中发生了什么。

（3）响应函数 $F$：响应函数是指对新组合的信息施加数值的心理过程。视觉特征被加权和整合之后，被表达成一个响应，可以用一个可观察到的形式来表达。这里所说的响应可以是反应时、正确率或任何其他可见的响应变量。

（4）认知代数：认知代数是个体使用代数规则将多个刺激源组合成一个判断的过程。认知代数可以用来推断三个不可观测的阶段（评价、整合和响应处理）中每个阶段的心理状况。Anderson 发现并描述了许多可以用经验证据解释的认知代数模型，最普遍的认知代数模型是加法和乘法模型，两者的具体计算形式如表 6-1 所示。在评价阶段，每个人对所呈现的每个刺激都赋予不同的权重；在整合阶段，将刺激的权重进行相加、相乘或相加取平均值以形成整合的反应。信息集合理论的基本分析和设计工具是因子设计[179]，最简单的因子设计至少涉及两个不同的因素，将这两个因素分别设置在行乘以列的矩阵中进行分析。

表 6-1　加法和乘法模型的计算形式

| 模型类型 | 响应类型 | 函数形式 | 备注 |
| --- | --- | --- | --- |
| 加法模型 | 并行 | 加法积分函数 $K_{ij} = \omega_{ai} + \omega_{bi}$<br>响应函数 $F_{ij} = C_0 + C_1 K_{ij}$ | 其中 $i$ 和 $j$ 分别是阶乘设计中的行和列，$V(S) = \omega$，$C_0$ 是常数 |
| 乘法模型 | 线性 | 乘法积分函数 $K_{ij} = \omega_{ai} \times \omega_{bi}$ | |

## 6.2.2　视觉引导搜索机制

视觉引导搜索机制主要是通过初始并行搜索机制指导后续的串行搜索机制。在视觉引导搜索模型的第一阶段，信息视觉特征在整个视野的所有位置被同时处理；在模型的第二阶段，有限容量信息被串行处理，处理过程也变得更复杂，并且第一阶段获得的信息被限制在特定的位置上。在视觉搜索任务中，当存在显著的干扰项时，即使是不同视觉特征的干扰项，也不可能完全地按照自上而下的搜索模式选择一个独特、显著的目标。例如，在一组红色方形中搜索红色圆形目标时，出现了蓝色方形的干扰图形，观察者的搜索反应时会明显变长。在视觉引导搜索模型中，当目标信息和干扰信息的视觉表征形式差异较大时，目标信息的搜索过程看起来是快速并行的，而不是串行的。然而，当目标信息和干扰信息之间的视觉表征形式差异较小时，视觉搜索绩效就会变差。此外，如果目标信息具有足够的唯一性，即使与干扰信息的某些视觉特征相似，也不会降低其搜索绩效。

以上发现为量级总结任务的全局编码感知研究奠定了理论基础。因为量级总结任务和视觉搜索任务的感知过程是相似的，这两个过程都需要对视觉信息进行整合。目前视觉搜索中弹出效应的机制可以通过理解视觉系统如何利用其全局编码的能力感知不同信息来探究[180-181]。不过,尽管视觉引导搜索模型解释了人类在搜索过程中处理有限注意力资源的过程,但是否有助于抑制非目标信息搜索仍然在很大程度上未被理解。

综上,对量级总结任务驱动的全局编码感知的研究,其实是对视觉引导搜索机制的进一步完善,即探讨在对目标信息集合的量级总结过程中,视觉系统如何抑制非目标信息集合的搜索。

## 6.3 影响量级总结任务的视觉因素

### 6.3.1 视觉拥挤的影响

人眼的中央窝系统(注视中心)是视野中注意程度最高的区域,具有高度的空间敏锐度和色彩辨别度,故外部视觉刺激的分辨率或敏感度会随着中央窝偏心率增加而降低[182]。中央窝区域的视觉感知受到位于视觉处理流早期的因素限制,而在视野周围区域,视觉感知的限制则是由视觉拥挤现象造成的。视觉拥挤是指当视野周围有信息存在时,中央窝以外的视觉特征的识别出现障碍,也就是说当目标信息在单独存在时很容易被提取,但在被其他干扰信息环绕时就很难被识别。识别障碍的程度表明,视觉系统应用了有损变换——某种形式的"视觉特征整合",从而导致对视觉特征感知的损耗。

在量级总结任务背景下,首先需要考虑的视觉感知现象就是视觉拥挤。当分散目标信息或视觉特征的注意力时,就会发生拥挤。以往关于拥挤的研究表明,拥挤通常会损害整体的信息感知,因为拥挤不利于对单个信息的编码,这会干扰连续注意力选择,从而导致信息丢失。如图 6-2 所示,当注视"＋"时,可以清楚地在外围视野中看到左边的字母"B",而干扰字母的存在使得识别右侧的"B"变得困难。因为每个干扰字母的视觉特征之间没有联系,并且被错误地绑定到相邻字母的视觉特征上。所以,视觉拥挤也被认为是视觉约束的失败。

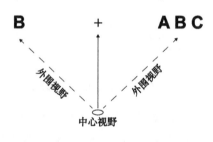

图 6-2　视觉拥挤案例

近几年的研究表明,视觉拥挤可能有助于形成视觉"分组"过程,从而更好地实现视觉统计。Intriligator 和 Cavanagh[183]的研究表明,拥挤的界面信息会让观察者采用对信息汇总的统计策略。在这个过程中,不会出现对特定目标的注意选择,但是这些研究的前提是针对均匀连续性信息造成的视觉拥挤。图 6-3 列举了几种减小或者抑制视觉拥挤的特征编码形式。当目标信息和侧翼信息在形状、大小、方向、空间频率、深度颜色、运动和秩序等方面不同时,视觉拥挤就会减少。

在外围视野中,导致视觉拥挤的一个重要因素是视觉特征之间物理空间的间距。这种间距大小取决于目标信息和侧翼信息之间的相似性、场景的复杂性、显示的刺激类型以及它们与中央窝的距离。扩展到复杂信息界面研究领域,在一个拥有复杂信息的可视化界面上,

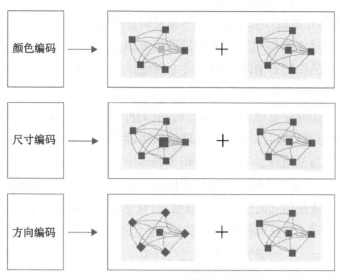

图 6-3 抑制视觉拥挤的视觉特征

如果拥挤只发生在界面的某一区域,我们需要了解它如何影响整个视觉总结过程,这取决于信息是否由于拥挤而丢失,即目标信息和侧翼信息之间存在的差异程度。

综上,尽管明确知道信息界面中视觉拥挤的产生原因和影响因素,但其潜在的感知机制仍存在疑问。例如,视觉总结在视觉注意中是串行处理过程还是并行处理过程;在视觉总结过程中,空间位置信息和视觉特征信息哪一个被优先注意。为了进一步思考这些问题,需要在视觉总结任务过程中分析其注意行为。

## 6.3.2 信息冗余与错觉结合的影响

(1)信息冗余的影响:目前,很多复杂信息界面由于要表征大量信息,和现实场景一样,信息是高度冗余的。许多元素和对象在邻近区域内被复制,例如导航界面中的各个导航栏,某信息分类下的某类相似信息等。统计特性可以在形成示意性感知表征中起作用,例如显示界面中的尺寸、颜色和方向的平均值,范围和方差,元素运动的速度和方向等。如果我们注意它们,就可以区分导航栏下拉菜单之间的微妙特征差异,但我们仍会保留导航界面的整体印象。同时,当我们的视线在界面中移动时,信息敏感度会伴随着离视野中心点的距离增大而下降,因此进行量级总结任务时,信息敏感度的降低会造成统计信息的偏差。由于视觉系统对不同视觉特征的感知敏感度不同,所以在界面的统计过程中,需要结合不同的信息编码形式提取不同的信息集合。

对信息进行统计的过程中的信息是熵信息,也就是观察者在界面中获得的最大信息量。信息的统计精度受界面中冗余和不相关信息的影响。复杂信息界面中的信息冗余可分为信息统计冗余和观察者的心理冗余两种。统计冗余又分为信息间冗余和编码冗余。信息间冗余是由界面中相邻信息之间的相关性造成的,这意味着相邻信息不是静态独立的。编码冗余与信息的表征有关。为了有效地提取界面中的信息,信息编码的原则是对目标信息进行有效凸显。信息集合中的统计冗余比纯粹的重复信息要复杂得多,但是,这种冗余可以被严格量化,一般可以通过无损压缩算法来测量可提取信息的最大数量。Barlow[184]的研究表明,早期感觉神经元的作用是消除感知输入中的统计冗余,因此观察者可以迅速适应对比度、空间尺度和位置等的变化。

(2) 错觉结合的影响:在感知界面信息时,我们可以通过将注意力依次引导到每一个视觉特征上对目标信息进行整合。特征整合理论预测,当注意力被转移时,特征可能被错误地重新组合,从而产生错觉结合。Treisman 和 Schmidt[185]等学者的研究表明,注意力的转移或太高的注意力负荷会导致不同视觉特征的信息在感知过程中被错误地捆绑在一起。也就是说,当信息界面中表征信息的位置过于分散时,视觉注意力负荷增大,观察者就容易混淆场景中的信息特征,每个信息都可能被当作一个独立的实体,在转移注意力时对信息进行错误捆绑。Cohen 和 Ivry[186]的研究表明,注意处理需要至少 $100 \sim 200$ ms 才能准确地定义信息特征,否则很可能出现不正确的特征绑定。

目前的研究表明[187],视觉特征的错误绑定导致错觉结合通常发生在高注意负荷下,而错觉结合不受物理距离或者空间位置的影响。尽管特征错误绑定通常发生在不同的视觉特征组合中,但是在颜色和形状的组合上发生得更频繁。

### 6.3.3 视觉分层结构的影响

数据的可用性和重要性正在加速提高,而我们的视觉系统是理解数据的关键工具。复杂信息界面的设计通常受到感知心理学的启发,以实现更有效的界面数据显示。当界面中呈现多类信息时,就不会仅存在一种编码方式,也会有其他组合编码方式,通过使用多种视觉特征来表征图表中的变量可以提高准确性和可读性。尽管这种做法在地图和信息图表中广泛使用,但是当界面中存在表征不同信息的视觉特征时,会带来用户处理界面信息的先后顺序问题,即视觉分层。第 6.3.2 节提及拥挤的界面信息会让观察者产生对信息进行汇总的统计过程,但是前提是针对均匀连续性信息造成的视觉拥挤,而视觉分层则发生在非均匀信息的表征过程中。

当复杂信息界面中的信息没有很强的视觉层次时,用户的眼睛会跟随一个可预测的视觉路径。这条路径受多种因素影响,包括对不同视觉特征的感知顺序和感知敏感度等,例如用户对冷色调和暖色调的感知顺序,如图 6-4(a)所示;用户对不同形状的感知敏感度,如图6-4(b)所示。由以往的研究[188]可知,界面中存在两条主要的从左到右的视觉路径,可以描述为 Z 型和 F 型。界面设计师利用视觉层次来强化这些视觉路径,或者有意用不同的视觉特征来打破这些路径,从而将用户的注意力吸引到某些目标信息上。因此,在执行信息界面中的总结任务时,不同的视觉特征是如何影响界面视觉路径的形成,以及当产生如图 6-4(a)中的橙色圆形和黑色方形的冗余编码时,总结任务如何进行,这都是需要进行深入探讨的问题。

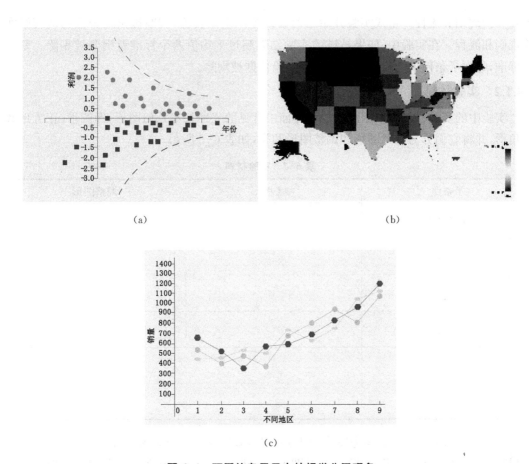

图 6-4　不同信息显示中的视觉分层现象

# 6.4　量级总结任务的编码感知差异量化实验

## 6.4.1　视觉敏感度排序实验

在进行量级总结任务的编码感知差异量化实验研究之前,为了减少实验中目标信息和干扰信息的视觉融合,有效对目标信息和干扰信息进行视觉分层,需要对实验中的实验材料进行视觉敏感度排序,从而将视觉敏感度高的图形设定为目标刺激。

在本节视觉敏感度排序实验中,我们将复杂信息界面中应用最多的圆形、正方形和三角形作为实验素材,对其进行感知敏感度排序。

### 6.4.1.1　实验被试

实验共计有 24 名被试,所有被试均为东南大学机械学院的在读研究生,平均年龄22 岁,男女比例 $1.1:1$($\mu_{age}=22.9$, $\alpha_a=11.5$),视力或者矫正视力均正常,无色弱或者色盲。实验开始之前,要求被试填写相关信息,包括姓名、年龄、专业、是否有过图形编码实验经验等,并告知实验规则和流程。正式实验开始之前会设置四组预实验,判断被试是否已正确理解实验规则和流程。在实验中,如果被试的实验结果超过平均值两个标准差则要被剔除。基于此标准,每次子条件下大概有一个被试的实验数据被剔除。

#### 6.4.1.2 实验材料

实验中的实验材料均采用信息显示界面中常见的三种基本几何图形,即圆形、正方形和三角形,并将它们分为参考图形和调整图形两类,如表 6-2 所示。

表 6-2 实验材料

| 子条件 | 参考图形 | 调整图形 |
|---|---|---|
| 子条件 1 | ■ | ● |
| 子条件 2 | ■ | ▲ |
| 子条件 3 | ● | ■ |
| 子条件 4 | ● | ▲ |
| 子条件 5 | ▲ | ■ |
| 子条件 6 | ▲ | ● |

实验子条件共计 6 个:参考图形为正方形时,调整图形为圆形和三角形;参考图形为三角形时,调整图形为正方形和圆形;参考图形为圆形时,调整图形为正方形和三角形。其中参考图形的边长(或圆的直径)$a$ 设定有 2 cm、4 cm 和 6 cm 三个子条件,调整图形边长 $b$ 的初始尺寸随机大于或小于参考图形边长 $a$,其具体设置参数如表 6-3 所示。每个子条件需要被试测试四次。因为拉丁方平衡设计的双向分组较随机分组设计的单向分组的误差小,且分析效率较高,本组实验处理数据量又满足拉丁方平衡设计标准,误差自由度不会影响设计方法的灵敏度,所以该实验的子条件的出现顺序通过排除双向误差的拉丁方平衡设计。最终实验一共有 $6\times3\times4=72$ 个子条件。

表 6-3 图形边长初始值

| 参考图形边长 $a$/cm | 调整图形边长 $b$/cm | |
|---|---|---|
| | 最小尺寸 | 最大尺寸 |
| 2 | 1.4 | 3 |
| 4 | 3.2 | 5.2 |
| 6 | 5 | 6.4 |

#### 6.4.1.3 实验设备和显示

在该实验中,被试被要求坐在一台 17 英寸显示器前 550 mm 处,用 PR 655 光谱辐射计校准显示器上的色度和亮度。其中屏幕分辨率为 1 280 dpi×1 024 dpi,亮度为 92 cd/m²。实验编程平台是 node.js 应用程序,该框架在基于 Web 的堆栈上运行,并使用 jsPsych 支持实验逻辑编写,通过 D3 进行界面显示。

### 6.4.1.4　实验程序

每一组实验刺激由参考图形和调整图形组成,分别放置在显示屏中心坐标轴位置,如图 6-5 所示。视觉敏感度排序结果通过心理物理学中的恒定刺激法测得。首先电脑屏幕中心呈现实验指导语,按键盘上任意键开始实验。随后屏幕中央呈现两个并排放置的图形,一个是恒定的参考图形,另一个是面积随机大于或小于参考图形的调整图形。通过键盘的"Z"键减小调整图形的边长(或直径),用"M"键来增加调整图形的边长(或直径),直到被试感知调整图形的面积和参考图形的面积相等为止,按空格键进入下一组面积感知条件。为了防止被试在实验过程中设置对齐参考线,调整图形在 $y$ 轴方向上与参考图形的垂直距离是随机的(±标准高度/4),参考图形和调整图形的左右位置是随机出现的。被试调整尺寸的时间与调整次数不受限制(单次调整尺寸值为 0.015)。

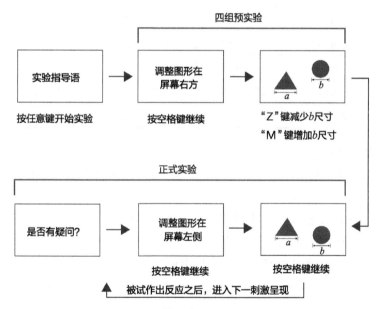

图 6-5　感知敏感度排序实验的流程图

### 6.4.1.5　实验结果和分析

在对实验结果进行分析之前,为了削弱数据拟合模型的共线性和异方差性,需要对实验数据进行对数转换,使数据更趋稳定。最终剔除异常值后一共收集到 3 453 个被试样本。随后采用互补误差函数 erfc 确定被试在每组任务中的韦伯分数:

$$\Delta(X) = \frac{1}{2}\text{erfc}\left(\frac{n_1 - n_2}{\sqrt{2\omega\sqrt{n_1^2 + n_2^2}}}\right) \tag{6-1}$$

该函数假设每组实验产生的近似感知尺寸的两种基本表示形式是沿着高斯随机变量连续分布(其中一个的均值为 $n_1$,另一个的均值为 $n_2$)。该函数中只有一个自由度参数——韦伯分数 $\omega$,表明高斯分布中的噪声量。较大的 $\omega$ 值表示较高的噪声,因此,韦伯分数越低表示感知绩效越好。对于每个被试,选择最小平方误差,即预测数据和实际数据之间平方差最小的 $\omega$ 值作为最佳拟合值。通过剔除 $\omega$ 值与均值有两个标准差的偏差值,最终被试对于不同几何图形计算的韦伯分数如表 6-4 所示。

表 6-4　每个子条件的韦伯分数值对比图(注:回归分析中残差符合正态分布)

| 参考图形 | 调整图形 | 感知实验结果 | | | $R^2$ |
|---|---|---|---|---|---|
| | | $\omega_A(\%)(\pm SEM)$ | | | |
| | | 2 cm | 4 cm | 6 cm | |
| 正方形 | 圆形 | 4.6±0.16 | 4.6±0.12 | 4.8±0.16 | 0.97 |
| 正方形 | 三角形 | 1.1±0.16 | 1.4±0.19 | 1.4±0.15 | 0.98 |
| 圆形 | 三角形 | 1.8±0.12 | 1.5±0.15 | 1.1±0.13 | 0.97 |
| 圆形 | 正方形 | 0.5±0.08 | 0.5±0.11 | 0.7±0.14 | 0.99 |
| 三角形 | 正方形 | 2.5±0.19 | 2.8±0.15 | 3.2±0.15 | 0.98 |
| 三角形 | 圆形 | 5.8±0.16 | 5.7±0.15 | 5.7±0.18 | 0.99 |

(1)组间效应量分析

被试在实验中作出判断的平均时间为 10.4 s,$t$ 检验显示不同性别被试在绩效方面无显著性差异($\mu_f = 61.7\%$,$\mu_m = 65.3\%$,$P = 0.1138$)。组间(3 子条件×3 任务顺序×3 任务)ANOVA 方差分析显示,感知尺寸平均值存在显著性差异,$F(2, 30) = 1.41$,$P = 0.001 < 0.05$;而实验任务顺序不存在显著性差异,$F(2, 30) = 2.47$,$P = 0.34 > 0.05$。从表 6-5 可以看出,三组子条件在面积感知任务上的平均韦伯分数 $\omega$ 有显著性差异,$F(2, 35) = 6.52$,$P = 0.007 < 0.01$。测量模型和数据之间的拟合度 $R^2$ 在 $0.97 \sim 0.99$,接近 1,表现出与韦伯定律相一致的线性规律。

(2)组内效应量分析

不同形状的感知阈值的统计结果如图 6-6 所示。通过单因素方差分析得到 $F(2, 58) = 16.11$,$P < 0.001$,说明不同形状之间的面积的感知尺寸具有显著性差异。

从图 6-7 可以看出,面积的感知尺寸变化量与物理尺寸变化量的对数值成正比。也就是说,对面积感知量的增加均落后于面积物理量的增加。可以用以下公式表示:

$$\Delta R = \log(I + \Delta I) - \log(I) \tag{6-2}$$

其中常量 $\Delta R$ 代表面积心理感受增量,$\Delta I$ 代表识别阈值,$I$ 表示面积物理刺激量。

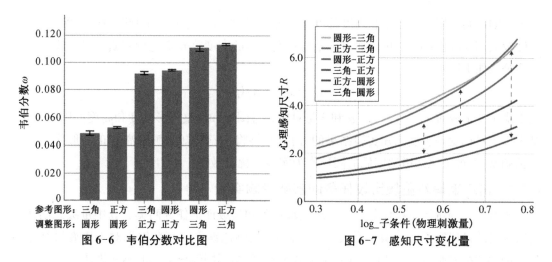

图 6-6　韦伯分数对比图　　　　图 6-7　感知尺寸变化量

从图 6-6 中的韦伯分数对比图可以看出(图中误差条代表95％的置信区间,并非标准误差),参考图形为三角形、调整图形为圆形时的韦伯分数最高,在 5％~6％,远高于参考图形为圆形、调整图形为三角形时的韦伯分数(在 1％~2％)。说明正方形的尺寸感知敏感度相较于三角形和圆形大,即感知敏感度从高到低排序为正方形＞三角形＞圆形。

#### 6.4.1.6　实验结论

假设在 $\bar{x}_i$ ($i=1$,…,$n$)处有 $m$ 个大小可忽略的均匀点组成的图形,那么依据图形强度函数 $y(\bar{x})$ 可以用以下公式表示:

$$y(\bar{x}) = \sum_{i=1}^{m} \delta(\bar{x} - \bar{x}_i) \tag{6-3}$$

其中 $\delta$ 表示 $\triangle$ 函数。

图像函数理论假设视觉过程的第一阶段是输入图形强度函数公式(6-3)与高斯密度函数的卷积:

$$G(\bar{x}) = \mu \exp(-|\bar{x}|^2/2\pi\varphi^2) \tag{6-4}$$

其中 $\mu$ 和 $\varphi$ 为模型的参数,那么:

$$F(\bar{x}) = (G \otimes y) = \sum_{i=1}^{m} \mu \exp(-|\bar{x} - \bar{x}_i|^2/2\pi\varphi^2) \tag{6-5}$$

卷积可以理解为输入函数的低通滤波,那么对于视觉敏感度实验中不同的图形而言,可以通过距离几何图形最近的点的图像函数定义几何图形的图像函数。若遵循卷积定律,那么面积感知阈值应该为单独边长的感知阈值平方和的平方根。但是,面积的实际感知阈值明显高于通过增加方差预测得到的阈值,因此,面积感知依赖边长感知的独立性模型被证实不正确。另外,如果观察者通过他们对不同边长的估计值来估计不同形状圆形的面积时,在做出乘法计算之后的结果一定存在相当大的计算噪声,那么本书实验中正方形的计算噪声应该最大,也就是对正方形的感知阈值最大。但是,图 6-6 中,圆形的感知阈值最大。由此我们可以推断,观察者是使用多种启发式方法将宽度和高度的感知评估转化面积的感知评

97

估中。如果调整图形的宽度和高度都大于参考图形,则被试容易做出判断;如果调整图形的宽度较大,但高度较小,则可以通过确定与参考图形的宽度差异来进行判断。对面积感知的估算公式如下所示:

$$\theta = \lambda_1(\alpha_1 - \alpha_2) \mp \lambda_2(\beta_1 - \beta_2) \tag{6-6}$$

其中决策变量权重 $\lambda_1 + \lambda_2 = 1$,$\alpha$ 和 $\beta$ 是对应参考图形和调整图形宽度和高度的随机变量。基于以上对视觉敏感度感知实验结果的分析,最终将视觉感知敏感度高的正方形作为实验目标刺激,将视觉感知敏感度低的圆形作为实验干扰刺激。

### 6.4.2 信息编码对量级比较任务的感知影响实验

本章涉及的量级总结任务分为量级比较任务和量级评估任务两类。其中量级总结任务的实验目的是研究不同的编码形式——形状编码、颜色编码和冗余编码对于界面量级总结任务的感知绩效是否产生影响,并基于绩效影响,总结不同编码形式的感知规律。

#### 6.4.2.1 实验被试

此次实验共计 22 名被试,所有被试均是东南大学机械学院的在读研究生,平均年龄 21.8 岁,视力或者矫正视力均正常,无色弱或者色盲。实验开始之前,要求被试填写相关信息,包括姓名、年龄、专业、是否有过量级比较实验的相关经验等,并告知实验规则和流程。实验中,如果被试的实验结果超过平均值两个标准差,或者反应时间与平均反应时间的标准偏差超过 300 ms 都要被剔除。基于此标准,本组实验中有一名被试的数据被剔除。

#### 6.4.2.2 实验设备和显示

在该实验中,被试被要求坐在一台 17 英寸显示器前 550 mm 处,并用 PR 655 光谱辐射计校准显示器上的色度和亮度。其中屏幕分辨率为 1 280 dpi×1 024 dpi,亮度为 92 cd/m²。所有的实验刺激都是通过用 JavaScript 库编写的自定义软件生成。对于每个实验刺激,我们首先随机生成一组初始实验刺激(边长 20 dpi,任意两个初始刺激之间至少有 5 个 dpi 的间距),然后根据给定的比例伪随机生成第二组实验刺激。实验中设置 5 组给定的量级比例分别为 1∶1.14,1∶1.2,1∶1.3,1∶1.5,1∶2.0。由于刺激产生的伪随机性和产生这种刺激所涉及的数学约束,实验刺激之间不会产生重叠,如图 6-8 所示。

在该实验中,被试需要完成颜色编码、形状编码和冗余编码 3 组子条件的量级比较任务。(1)在颜色编码条件中,所有的实验刺激(图形线框的细度均为 4 dpi 宽)都是用视觉敏感度相对较高的正方形呈现。初始刺激的颜色是 $L*a*b*=[68,-40,15]$ 的绿色,第二组实验刺激的颜色是通过与初始刺激的色差值 $\Delta E$ 来确定。为了防止与初始刺激的颜色重叠,丢弃掉 $a$ 通道和 $b$ 通道 50% 的中性灰色,最终采样 12 种测试颜色,分别从 $L*=[25,80]$、$a*=[-29,48]$ 到 $b*=[-40,48]$ 中获取,如表 6-5 所示。(2)在形状编码条件中,实验中的实验刺激由视觉敏感度相对较高的正方形和视觉敏感度相对较低的圆形组成。(3)在冗余编码条件中,分别在形状编码中设置不同的颜色作为实验刺激。不论是量级比较任务中的颜色编码、形状编码还是冗余编码,被试都需要对设置的 5 种量级比例进行判断实验。每个实验子条件在拉丁方平衡设计中重复,被试需要完成的颜色编码任务总共有 60+5+5=70 个子条件。

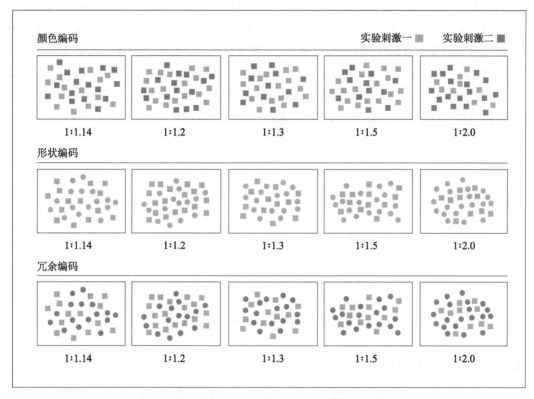

**图 6-8 量级比较任务中的参数设置(以蓝色和绿色为例)**

**表 6-5 颜色编码任务中颜色设置参数表**

| 目标-干扰图形(Lab) | 色差值 | 目标-干扰图形(Lab) | 色差值 |
|---|---|---|---|
| [48，−39，22]−[34，47，30] | 86.50 | [48，−39，22]−[85，0，45] | 58.47 |
| [48，−39，22]−[41，48，37] | 88.56 | [48，−39，22]−[92，−4，43] | 60.02 |
| [48，−39，22]−[56，48，37] | 88.65 | [48，−39，22]−[35，−5，−35] | 67.63 |
| [48，−39，22]−[63，46，37] | 87.61 | [48，−39，22]−[41，−9，−37] | 66.56 |
| [48，−39，22]−[64，−1，45] | 47.21 | [48，−39，22]−[54，−13，−37] | 64.75 |
| [48，−39，22]−[71，−1，45] | 50.02 | [48，−39，22]−[61，−14，−37] | 65.38 |

## 6.4.2.3 实验程序

实验分为颜色编码、形状编码和冗余编码三组任务。在颜色编码实验子任务中,显示屏中央显示不同数量比例的正方形,被试需要对哪种颜色有更多的正方形作出反应。在形状编码实验子任务中,显示屏中央显示不同数量比例的正方形和圆形,被试需要对哪种形状更多作出反应。在冗余编码实验子任务中,显示屏中央显示赋予不同颜色的形状编码,被试需要对哪种形状的数量更多作出反应。任务的显示顺序随机出现。

99

如图 6-9 所示,显示屏为白色背景,在每个实验任务中,被试阅读完实验指导语,按键盘上任意键开始实验。在正式实验之前,会有 6 组循环练习试验,实验正确率达到 80% 方可进入正式实验。首先在屏幕中央,呈现注视点"＋"1 000 ms,随后屏幕中央出现随机排列的实验刺激,每个实验刺激尺寸为 400 dpi×400 dpi。如果被试发现目标图形——绿色正方形的数量多,则按键盘中的"A"键;如果被试发现目标图形的数量少,则按键盘中的"L"键。若在实验中被试超过 500 ms 没有作出反应,将进入下一个子条件。

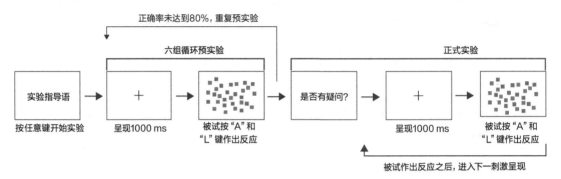

**图 6-9 量级比较任务实验流程图**

### 6.4.2.4 实验结果和分析

(1) 组间效应量分析:首先根据被试的总正确百分比和韦伯分数来分析数据,如表 6-6 所示。对 3(实验任务)×3(任务顺序)×5(数量比例)进行 ANOVA 方差分析,结果显示,分别产生了显著的任务效应,$F(2, 18)=11.31$,$P<0.001$,$\eta_P^2=0.42$,以及显著的比例效应,$F(4, 120)=92.91$,$P<0.001$,$\eta_P^2=0.77$。而任务顺序并无显著性统计学意义,$F(1, 33)=2.46$,$P=0.26>0.05$,$\eta_P^2=0.03$,同时也没有与任务顺序产生任何显著性交互。因此,在随后的数据分析中,任务顺序作为一个因素被删除。任务和比例则产生显著性交互影响,$F(4, 120)=4.18$,$P<0.05$,$\eta_P^2=0.12$。

**表 6-6 实验任务中正确百分比和韦伯分数(在相同的颜色参数条件下)**

| 实验条件 | 正确百分比(SEM) | 韦伯分数($\omega$) | 决定系数 $R^2$ |
| --- | --- | --- | --- |
| 颜色编码 | 87.02(2.17) | 0.201(0.03) | 0.987 |
| 形状编码 | 81.26(1.67) | 0.313(0.04) | 0.987 |
| 冗余编码 | 92.75(1.22) | 0.162(0.02) | 0.989 |

从表 6-6 可以看出,对于不同的量级比例,被试的任务绩效均服从韦伯定律,线性模型对数据的拟合程度高。对于冗余编码来说,韦伯分数最小,量级比较任务绩效则较高。

本次实验的三组子任务中,在设置相同的颜色的参数条件下,如图 6-8 的实验刺激,其中实验刺激一为绿色,实验刺激二为蓝色,不同编码形式的平均反应时和正确率如图 6-10 所示。

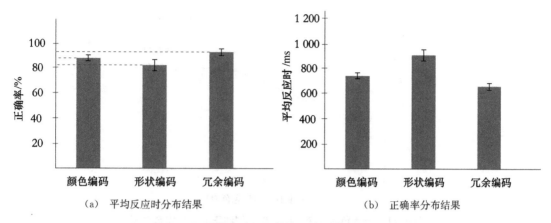

（a）平均反应时分布结果　　　　　　（b）正确率分布结果

**图 6-10　不同实验子任务的平均反应时和正确率**

从图 6-10 可以看出，冗余编码相较颜色编码和形状编码来说，被试作出反应的时间最小，而反应的正确率最高。所以冗余编码不仅在单一视觉特征的视觉搜索（局部任务）中绩效更高，在全局任务中也能准确地捕捉信息的统计属性，并未导致视觉抑制作用。实验中视觉选择得益于有多个冗余特征编码的对象，而不是单个特征编码的对象。该实验中冗余编码的量级比较任务能产生接近于 90% 的正确率，也与冗余效应的处理模型有关。目前有两种模型解释冗余效应[189]：组合模型和竞态模型。组合模型中来自冗余目标的颜色维度和形状维度的信息共同作用于被试的反应；竞态模型中冗余目标的颜色维度和形状维度分别提供了独立的信息源，这些信息源不会被合并，并且无论哪个维度先被检测到，都有助于被试在任何给定的条件中做出反应。公式（6-7）表征了竞态模型的函数关系式：

$$P(RT < | t \mid S \text{ and } C) \leqslant P(RT < t \mid S) + P(RT < t \mid C) \tag{6-7}$$

在冗余编码条件下，如果颜色和形状特征未被整合，被试不清楚哪种编码形式更可靠，那么 $P(RT < | t \mid S \text{ and } C)$ 的范围应该是从 $P(S)$，$P(S) + P(C)/2$ 到 $P(C)$。相反，如果被试清楚哪种编码形式更可靠，他们会在决策时选择这一形式。在这种情况下，冗余编码条件下的正确率应该等于两个编码特征中正确率更高的那个，即 $P(S)$ 和 $P(C)$ 中较大的那个。如图 6-10(a) 所示，由于冗余编码条件下的实际正确率明显大于基于颜色编码和形状编码这两个特征单独感知的结果。因此，在冗余编码的实验子任务中，相较于单独的颜色编码和形状编码，其高正确率和低反应时并不依赖于形状编码和颜色编码中的某一单一效应，而是协同效应。

（2）组内效应量分析：之所以在颜色编码实验子任务中的目标颜色和干扰颜色之间仅设置 12 种不同的色差值，是为了确定色差是否影响量级比较任务。实验结果表明，颜色差值对目标量级比较的正确率有显著性影响，$F(3) = 29.18$，$P < 0.001$，$\eta_P^2 = 0.53$，比例越大，正确率越高；目标图形颜色和干扰图形颜色差值越大，正确率越高，如图 6-11 所示。

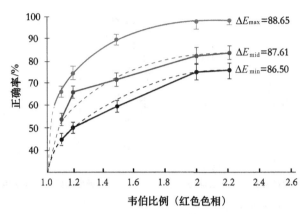

**图 6-11  干扰色为红色时的韦伯比例和正确率的拟合关系**

从图 6-11 可以看出，以干扰色红色色相为例，当目标图形颜色和干扰图形颜色的色差由小变大时，韦伯量级比例和正确率的拟合关系越来越接近对数关系，是一个累积的正态分布形式。通过将对数模型进行改进，使其包含对数数轴上的数值密度分布，并且设定每个分布的方差相等，可以用公式表征如下：

$$P(\text{target}) = \frac{1}{2}\left[1 + \text{erfc}\left(\frac{\log_2 R_\text{m}}{\sqrt{2}\left(\sqrt{2}\,\omega\right)}\right)\right] \tag{6-8}$$

$$\text{erfc}\left(\frac{\log_2 R_\text{m}}{\sqrt{2}\left(\sqrt{2}\,\omega\right)}\right) = \frac{2}{\sqrt{\pi}}\int_0^{\frac{\log_2 R_\text{m}}{\sqrt{2}\left(\sqrt{2}\,\omega\right)}} e^{-\eta^2}\,d\eta \tag{6-9}$$

其中 $R_\text{m}$ 表示目标图形和干扰图形之间的量级比例；公式(6-9)是误差函数。以上数据均说明，不同颜色差值对于量级比较任务的感知绩效是有显著性影响的。颜色差异性的影响机制如何，将通过下面的量级评估任务进行深入分析。

### 6.4.2.5  实验结论

通过对量级比较任务的实验数据分析得到以下结论：

对于不同数量比例的量级比较任务，不论是在颜色编码、形状编码还是冗余编码实验条件下，被试的任务绩效均服从韦伯定律，而且在以上三种实验条件下，量级比较任务的感知绩效有显著差异。

冗余编码相较于颜色编码和形状编码而言，对量级比较任务的感知绩效更高，其次是颜色编码，而形状编码的感知绩效最低。在冗余编码条件下，满足竞态模型函数。

冗余编码的高正确率和低反应时并不依赖形状编码和颜色编码其中任意单一编码形式，而是协同组合效应的结果。

当目标图形颜色和干扰图形颜色的色差值设置较高时，韦伯量级比例和正确率的拟合关系接近对数关系；当目标图形颜色和干扰图形颜色的色差值设置较低时，韦伯量级比例和正确率的拟合关系接近线性关系。

### 6.4.3　颜色编码对量级评估任务的感知影响实验

量级评估任务的实验目的是为了将不同色差值的目标颜色和干扰颜色作为实验自变量,研究颜色差异阈值对量级评估任务的感知绩效影响,并基于不同的绩效结果,总结颜色编码对于量级评估任务的感知规律。

#### 6.4.3.1　实验被试

与量级比较任务实验的被试人数和男女比例均相同,视力或者矫正视力均正常,无色弱或者色盲。实验开始之前,要求被试填写相关信息,包括姓名、年龄、专业、是否有过量级评估实验经验等,并告知实验规则和流程。其中 12 人报告说参与过量级评估实验,5 人报告说不熟悉量级评估的相关实验,实验中每个被试的平均实验时间均少于 60 min。实验开始之前设置 10 组预实验,判断被试是否已正确理解实验规则和流程。实验结束后,如果被试的实验结果超过平均值两个标准差则要被剔除。基于此标准,本组实验未有异常数值被剔除。

#### 6.4.3.2　实验设备和显示

本部分的实验显示和实验设备的参数设置和量级比较实验参数设置一样,实验刺激也是用 JS 编程完成。被试被要求观察不同颜色的目标图形。当目标图形的数量分别设置为 15、20、30 和 45 时,干扰图形的数量分别为 15、20、30 和 45,即数量子条件为 $4 \times 4 = 16$ 种,其中三个子条件的显示示意图如图 6-12 所示。

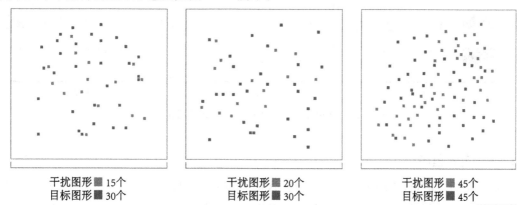

干扰图形 ■ 15个　　　　干扰图形 ■ 20个　　　　干扰图形 ■ 45个
目标图形 ■ 30个　　　　目标图形 ■ 30个　　　　目标图形 ■ 45个

**图 6-12　实验素材示意图(以图中颜色为例)**

目标图形颜色和干扰图形颜色的色差值设置依然根据第四章 Szafir 提出的色彩模型 CIELab 进行改进。在本实验中,依据公式(4.14)的视角计算公式求得视角 $\theta = 0.971\,1°$。通过公式(4.11)得到不同明度、色相和饱和度的绝对感知阈值 $ND_L$,$ND_a$ 和 $ND_b$。

$$ND_L(50\%, 0.971\,1) = \frac{0.5}{0.093\,7 - \dfrac{0.008\,5}{0.971\,1}} = 5.889\,3$$

$$ND_a(50\%, 0.971\,1) = \frac{0.5}{0.077\,5 - \dfrac{0.012\,1}{0.971\,1}} = 7.692\,3$$

$$ND_b(50\%, 0.971\,1) = \frac{0.5}{0.061\,1 - \dfrac{0.009\,6}{0.971\,1}} = 9.765\,6$$

所以本实验中的 CIE L-H-S 颜色空间的结果是：$ND_{L*} = ND_L(50\%, 0.971\,1) =$ 5.889 3，$ND_{h*} = ND_{s*} = \max(ND_a(50\%, 0.971\,1), ND_b(50\%, 0.971\,1)) = 9.765\,6$。实验中干扰图形颜色和目标图形颜色的表征如图 6-13 所示。为每个颜色轴定义 NDs，以等步长计算目标颜色在颜色空间中的距离。

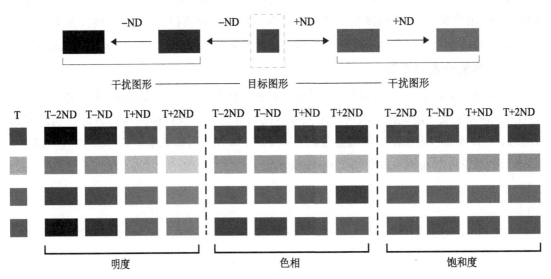

图 6-13  干扰图形和目标图形的颜色表征汇总图

### 6.4.3.3  实验程序

正式实验之前，首先向被试展示一组包含目标颜色和干扰颜色的色块，并告诉被试忽略任何干扰颜色的刺激，只对目标颜色的色块总数作出判断。被试一共进行 6 组预实验，并允许就实验任务提出疑问。大多被试在完成预实验之后，都反馈实验任务设置较困难，但均能完成预实验，并顺利进入正式实验。进入正式实验之后，被试需要对无干扰色和有干扰色的目标颜色色块的数量依次作出判断，并通过调节量表上的数值刻度来确定目标颜色色块的数量。其中有干扰色和无干扰色的实验条件显示顺序是随机的。在整个实验过程中，每个被试都需要对红色、黄色、蓝色或绿色的目标颜色色块进行量级判断，并在距离目标颜色 1 个和 2 个 NDs 的 CIE L-H-S 颜色轴上测试目标颜色色块的量级评估绩效。实验流程如图 6-14 所示。

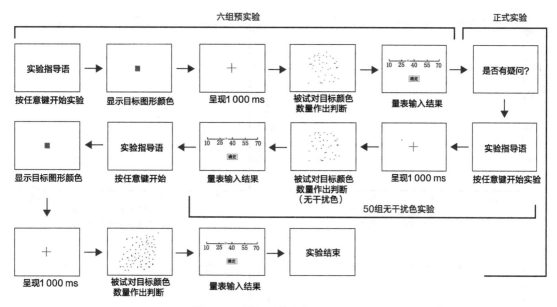

图 6-14　量级评估任务实验流程图

#### 6.4.3.4　实验结果和分析

首先对实验数据进行对数转换,并通过茎叶图剔除异常值后一共收集到 6 549 个被试样本。T 检验显示有无量级总结实验经验的被试在量级判断绩效方面无显著性差异,$P = 0.001 < 0.05$。

(1) 组间效应量分析:不同的目标颜色对被试完成红色、黄色、蓝色或者绿色四种目标颜色的量级评估结果没有显著性差异,$F_{(2, 808)} = 1.521$,$P = 0.219 > 0.05$,$\eta_P^2 = 0.004$。

(2) 组内效应量分析:以红色目标色为例,不同的目标图形数量、干扰图形数量和色差值与被试判断的数量之间的关系如图 6-15 所示。

对被试作出的目标图形数量的量级评估(心理变化量)的结果进行 ANOVA 方差分析。主体间效应检验显示:不同的目标图形数量、不同的干扰图形数量以及目标图形和干扰图形之间的不同色差值(物理变化量)均对被试的量级评估结果产生显著性影响,$F_{(3, 260)} = 39.736$,$P = 0.001 < 0.05$,$\eta_P^2 = 0.673$;$F_{(3, 260)} = 6.123$,$P = 0.001 < 0.05$,$\eta_P^2 = 0.241$;$F_{(13, 250)} = 0.241$,$P = 0.000 < 0.05$,$\eta_P^2 = 0.636$。除此之外,出现干扰图形与未出现干扰图形的任务顺序未对量级评估任务的结果产生显著性影响,但目标数量与目标图形和干扰图形的不同色差值之间则产生显著性交互影响,$F_{(36, 227)} = 3.863$,$P = 0.000 < 0.05$,$\eta_P^2 = 0.706$。

从图 6-15 可以看出,与无干扰条件相比,在色差为 1ND 和 2ND 的干扰条件下,被试量级评估的心理变化量受到显著影响。计算干扰条件下以及无干扰条件下被试对量级评估的心理变化量,需要获得自变量(目标图形数量、干扰图形数量和色差值)每改变一个单位,因变量因此发生的变化值(被试对量级评估的心理增量),所以需要计算目标图形数量、干扰图

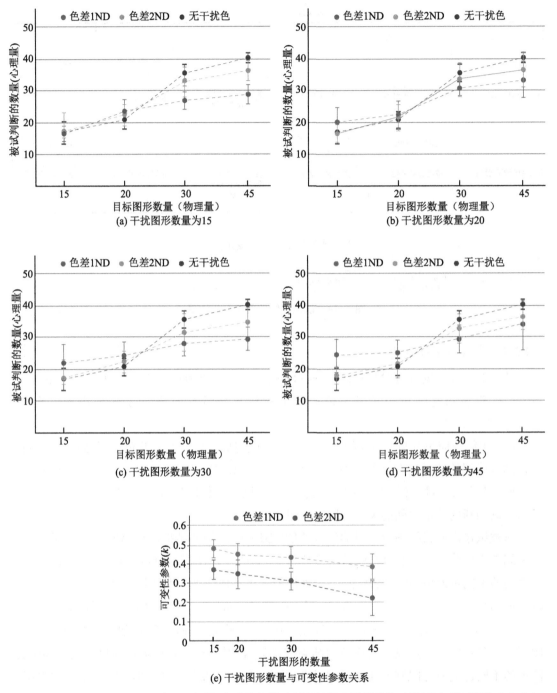

图 6-15  目标图形数量、干扰图形数量、色差值与被试判断数量及增量的关系图(目标图形颜色为红色)

形数量、色差值与被试对量级评估的心理增量的关系拟合模型的斜率。在每个色差值子条件下,对每组目标的量级评估结果以最小二乘拟合回归线,回归线的斜率看作可变性参数 $k$,它描述了对量级评估的感知精度 $P$。 当色差值为 1ND 和 2ND 时,可变性参数 $k$ 分别为

0.375 和 0.505；而当干扰图形和目标图形的颜色为互补色时（例如红色为目标色，绿色为干扰色时），可变性参数 $k=0.699$。所以当无干扰图形存在时，可变性参数 $k$ 值最高，感知精度 $P$ 最高；其次是干扰颜色为互补色；而色差值为 2ND 时的可变性参数大于色差值为 1ND 时的可变性参数，但均不大于互补色的 $k$ 值。除此之外，不论色差值是 1ND 还是 2ND 时，当干扰图形数量设置为 45 的时候，回归斜率下降到最小，说明被试对量级评估的心理增量最低。

### 6.4.3.5　实验结论

通过本部分的实验研究，得到以下结论：

当目标图形颜色和干扰图形颜色的差值为 1ND 和 2ND 时，被试的斜率有显著性差异，也就是说被试对量级评估的心理增量有显著性差异。无干扰色时的量级感知精度最高；色差值为 1ND 时，量级感知精度最低。

人类视觉系统对颜色的判断比使用 CIELab 模型更精确，对于有干扰图形的量级评估任务，目标图形和干扰图形的颜色差值可以设置更小，这表明 CIELab 颜色系统的模型在表征量级评估任务时是不完整的。

量级评估任务的绩效结果主要受干扰图形数量影响，且其与量级评估的心理增量成反比。当色差值越小（<1ND），量级评估任务绩效的结果越主要受色差影响，即颜色在与干扰图形数量特征的交互作用中被赋予了不同的权重。

在界面设计中，当创建两组不同数量的信息集合时，集合之间 1ND 的颜色差异会对观察量级评估任务产生显著的绩效代价，所以使用额外的特征差异，如数量，能辅助被试减小色差值过小对绩效结果造成的影响。

## ‖本章小结

本章首先介绍了量级总结任务的相关感知理论基础，包括信息整合理论和视觉引导搜索机制，总结了影响量级总结任务的视觉因素，包括视觉拥挤、信息冗余、错觉结合以及视觉分层结构等。在此基础上，开展三组实验对量级总结任务的感知绩效进行深入研究：（1）为了减少在量级总结实验中目标信息和干扰信息的视觉融合，有效对目标信息和干扰信息进行视觉分层，首先对量级总结实验中的实验材料（正方形、圆形、三角形）进行视觉敏感度排序，并将感知敏感度高的正方形和感知敏感度低的圆形作为量级总结实验中的实验刺激。（2）通过开展信息编码对量级比较任务的感知绩效影响实验，研究不同的编码形式——形状编码、颜色编码和冗余编码对界面量级比较任务的感知绩效影响，总结出全局编码和表征信息的视觉感知规律。（3）通过开展颜色编码对量级评估任务的感知绩效影响实验，研究颜色差异对于量级总结任务的感知绩效影响，并基于不同的绩效结果，得到颜色编码对于量级评估任务的感知规律。

# 第七章　全局编码决策集构建及界面设计与评价

本章基于第 3~6 章实验研究结果,构建了针对复杂信息界面的全局编码原则和编码信息决策集,并进行了详细的阐述。基于界面编码原则和相关设计方法,设计了某舰艇两栖作战系统界面实例,并通过对其进行评价,验证所构建方法的合理与有效性。

## 7.1　概述

复杂信息界面是用户与应用程序进行交互的最重要的工具之一,为了体现界面的友好特性,在界面的设计中应该尽量减少冗余的交互层级、用户的工作记忆时间和手动输入信息的数量等;应该增加必要的交互方式,提高目标信息的凸显性,以及改善界面的布局形式等。这些措施都是为了使界面的设计尽可能地和人类的视觉认知机制相契合,最终降低目标信息提取的错误率,提高信息提取的精度。

信息界面的全局编码作为有效解决信息识别偏差的首要形式,在界面设计中起到至关重要的作用。因此,本章首先整合前几章中针对不同复杂信息界面任务得到的编码原则和界面设计规则,形成针对界面设计的全局编码决策集,并基于此集合设计相关界面实例,通过使用加权平均算子和 VIKOR 相结合的评价方法,验证其决策集的有效和合理性。

## 7.2　信息界面全局编码决策集构建

大量的前期实验研究表明,界面设计的有效性取决于任务类型、界面的数据集属性以及数据集映射的编码形式。本书通过整合三组全局界面任务:信息识别任务、信息模式判断任务和量级总结任务,拟合不同的感知绩效变化量和视觉特征的物理变化量的函数关系,形成感知绩效和编码特征的映射关系,分别建立了不同任务对应的全局编码优选形式、全局编码感知拟合函数关系和全局编码的优选决策值,具体内容如表 7-1 所示。以界面全局识别任务为例,若信息集合为一组信息,并需要对集合内部的信息重要性进行层级划分,那么优先选择尺寸编码形式,尺寸长度大小差异至少设定为 0.02,面积大小差异至少设定在 0.05 之上(单位设定 cm,图形设定规则图形);若信息集合为两组或者多组,需要对不同集合编码不同颜色色域,而每个集合内部信息层级的颜色距离以至少大于两个单位的颜色差异阈值进行编码。

表 7-1 界面全局编码决策集

| 全局识别任务 | 编码形式 | 编码形式排序 | 感知拟合函数 | 编码建议值 |
|---|---|---|---|---|
| 绝对值识别 | 尺寸编码 | | 1. 长度与面积分别与感知差异阈值成线性关系；<br>2. 面积的感知变化量与面积的物理变化量的对数成正比；<br>3. 长度与面积的韦伯分数之间的关系式：<br>$W_L = (\log(W_A+1))^k - 1 \quad (1.05 \leqslant k \leqslant 1.78)$ | 1. 长度识别差异阈值：设定大于 0.02；<br>2. 面积识别差异阈值：设定大于 0.05 |
| 相对值识别 | 尺寸编码<br><br>颜色编码 | 1. 颜色编码（信息数量级大）<br><br>2. 尺寸编码（信息数量级小） | 信息数量与反应时成线性关系 | 1. 目标为红色色域：<br>明度：+2ND<br>色相：+2ND<br>饱和度：－2ND<br>2. 目标为黄色色域：<br>明度：+－2ND<br>色相：+－2ND<br>饱和度：+2ND<br>3. 目标为蓝色色域：<br>明度、色相和饱和度：+2ND<br>4. 目标为绿色色域：<br>明度：+－2ND<br>色相：－2ND<br>饱和度：－2ND |

| 模式判断任务 | 编码形式 | 编码形式排序 | | 感知拟合函数 |
|---|---|---|---|---|
| 信息相关性模式判断 | 颜色编码<br>形状编码<br>冗余编码 | 1. 信息相关性系数在 0～0.5；以冗余编码为主，颜色编码为辅；<br>2. 信息相关性系统在 0.5～0.8；以形状编码或者冗余编码为主；<br>3. 信息相关性系数在 0.8～1；兼可 | | 1. 颜色最小可觉差 $DC$ 和信息相关性识别最小可觉差 $DR$ 之间存在线性关系：<br>$DR = W(1/e) - DC$<br>2. 颜色差值 $\Delta E$ 和信息相关性识别正确率 $g(\Delta E)$ 之间存在对数关系：<br>$g(\Delta E) = -S_c \ln(1/e - \Delta E) + S_0$ |
| | 空间维度编码 | 1. 信息相关性系数在 0～0.5；以一维空间维度编码为主（例：极坐标）<br>2. 信息相关性系数在 0.5～1；以一维空间维度编码为主（例：散点图和堆叠条形图） | | |

| 全局识别任务 | 编码形式 | 编码形式排序 | 感知拟合函数 | 编码建议值 |
|---|---|---|---|---|
| 量级判断 | 形状编码<br><br>颜色编码<br><br>冗余编码 | 1. 冗余编码<br><br>2. 颜色编码<br><br>3. 形状编码 | 1. 目标量级和干扰量级的不同比例值与量级任务绩效之间服从韦伯定律；<br>2. 冗余编码的韦伯分数最小，形状编码韦伯分数相对最大，冗余条件下的竞态模型函数关系式：<br>$P(RT < \mid t \mid S \text{ and } C) \leqslant P(RT < \mid t \mid S) + P(RT < \mid t \mid C)$ | 1. 目标量级为红色色域：<br>明度：－2ND<br>色相：－2ND<br>饱和度：2ND<br>2. 目标量级为黄色色域：<br>明度、色相和饱和度：+2ND<br>3. 目标量级为蓝色色域：<br>明度、色相和饱和度：+2ND<br>4. 目标量级为绿色色域：<br>明度：+2ND<br>色相：+2ND<br>饱和度：－2ND |

## 7.3　复杂信息界面设计与评价

### 7.3.1　界面设计实例

本节复杂信息界面的设计主要实现对某舰艇指挥控制系统和能源监测系统的设计开发。前者被认为是实时控制界面,后者被认为是监测界面。具体主要包括某舰艇指挥系统界面、某舰艇设备运行监测界面、某舰艇设备缺陷监测界面和某舰艇设备检修监测界面等一系列界面设计工作。指挥控制界面和能源监测界面都需要实现对界面数据信息及时有效的视觉统计,而视觉统计离不开对界面信息的全局编码,所以通过将前几章的研究成果运用到该界面的设计中,最终可实现实时在线监测,实现对核心资源指标的预警,提高辅助决策能力,并且实现实时工程调度、进度管理的有机整合等。

#### 7.3.1.1　界面信息架构分类

由于使用界面的用户无法感知单一的非结构化信息,而易于查看结构化信息内容和功能,所以界面呈现的信息趋于结构化,信息架构应运而生。信息架构是一门组织和构建网站、Web、移动应用程序以及社交媒体软件内容的科学。美国建筑师和平面设计师 Richard Saul Wurman 被认为是信息架构领域的创始人之一[190]。根据信息架构专家的说法,信息架构是决定如何安排信息中可理解部分的实践。因此界面设计和开发人员负责以用户可理解的方式(视觉感知的方式)构建界面的信息内容和导航系统。Louis Rosenfeld 和 Peter Morville 等学者[191]将界面信息架构分为四个主要系统:组织系统、标识系统、导航系统和搜索系统。

(1) 组织系统是将信息划分为不同的组别,帮助用户预测他们在界面中的哪个位置可以很容易地找到目标信息。组织系统包括三种主要的组织结构:层次结构(信息元素的重要程度)、顺序结构(创建的视觉路径)和矩阵结构(适合的导航方式)。

(2) 标识系统是表征不同信息的方式,原则是能够触发用户的信息关联。标识系统的目的在于有效地统一不同的信息集合。

(3) 导航系统是引导用户通过应用程序或网站的一系列操作和技术,实现目标搜索并成功地与产品交互。导航系统涉及用户在信息内容中移动的方式。

(4) 搜索系统主要是在信息架构中帮助用户搜索数据,仅在用户在搜索过程中丢失大量信息的情况下才有效。设计人员一般会使用搜索引擎和过滤器等工具来帮助用户找到目标信息。

信息架构构成了界面设计项目的整体信息框架。在本节某舰艇指挥控制系统和能源监测系统的界面设计中,需要确定某舰艇指挥系统界面、某舰艇设备运行监测界面、某舰艇设备缺陷监测界面和某舰艇设备检修监测界面中的信息重要程度、表征信息的视觉特征形式、导航形式和界面布局结构等。通过综合用户调研和信息显示指标,某舰艇指挥控制系统和能源监测系统界面中的信息重要程度等级划分如表 7-2 所示。

表 7-2　某舰艇指挥控制系统和能源监测系统界面中的信息等级划分

| 信息界面分类 | 一级信息 | 二级信息 |
|---|---|---|
| 1. 指挥控制界面 | 1. 实时海图 | 敌舰位置、台位状态 |
| | 2. 战况监视 | 舰队编号、余弹量、燃烧量、弹药状态 |
| | 3. 打击评估 | 实时目标数量变化、摧毁程度、打击效果 |
| | 4. 气象信息 | 温度、能见度、实时风速、气压 |
| 2. 能源监测界面 | 1. 能源关键指标监控 | 电量分布、发电小时数、发电量趋势 |
| | 2. 设备运行指标监控 | 机组运行状态、实时负荷、实时发电量 |
| | 3. 设备缺陷监控 | 停运小时、故障一览表 |
| | 4. 设备检修监控 | 缺陷消除率、缺陷执行情况、设备隐患及时处理率、设备检修数目总数、设备技改项目总数 |

　　将第六章中所提及的"Z"和"F"型视觉路径作为信息布局的基础路径,其中指挥控制界面的信息框架图如图 7-1 所示,能源监控系统界面的信息框架图如图 7-2 所示。

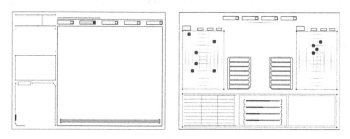

图 7-1　指挥控制界面的一级信息框架图

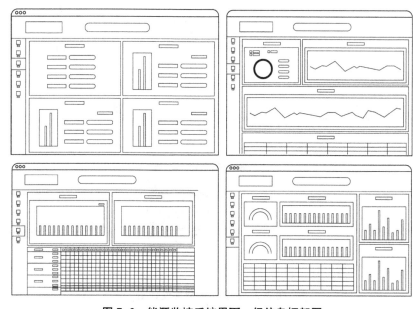

图 7-2　能源监控系统界面一级信息框架图

#### 7.3.1.2 界面信息视觉编码形式

以指挥控制界面为例,指挥控制界面中的实时海图作为指挥人员实时监控的主窗口,需要据此快速作出决策判断。其中某些信息层级中的全局编码形式设置如下。

(1) 实时敌舰位置:首先,结合实际战况,将警戒的红色作为敌舰的主体配色,这是在敌方袭击、导弹来袭等突发情况下,提高操作者的警惕性;其次,如果将红色敌舰设定为目标信息集合,那么作为干扰信息集合的友舰颜色设置需要在 CIE L-H-S 颜色空间中与红色色域至少有两个显著性差异的色度值。敌舰的形状编码设置感知敏感度相对高的正方形表征,友舰的形状编码设置感知敏感度相对低的圆形表征,而且正方形的边长比圆形的直径尺寸至少大 0.02 cm,受实际界面承载尺寸的限制中,最终设定为 0.03 cm。

(2) 实时台位使用状态:通过台位状态判断敌舰的运行趋势。首先使用颜色编码对敌舰和友舰进行区分,随后使用堆叠条形图进行统计信息展示。

(3) 实时目标数量变化:实时目标数量变化是打击评估中重要的评估形式。在动态情况下,若打击掉的目标数量和原有的目标数量之比大于 2∶1 时,界面实时的编码形式转换成颜色编码。若打击掉的目标数量和原有的目标数量之比小于 1∶1 时,使用颜色和形状编码结合的形式。

最终简化后的指挥控制界面如图 7-3 所示。

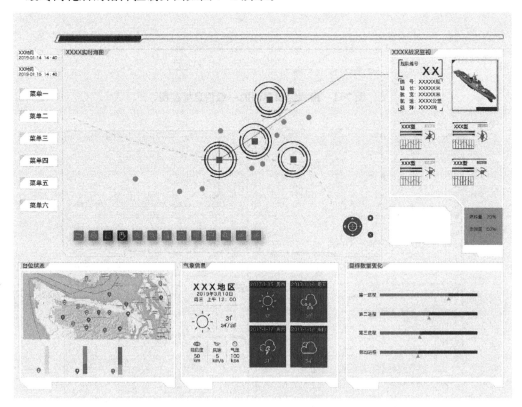

图 7-3　指挥控制界面设计图

## 7.3.2　复杂信息界面综合评价系统构建

目前复杂信息界面综合评价系统的实现必须在复杂信息界面评估指标体系、权重体系和评估方法库的建立基础上构建。用户登录系统后，选择进入综合评估的人机交互界面。评估开始之前，首先需要通过基本信息管理模块建立指标体系库、综合评估权重库。其次，建立指标体系和权重体系，为评估模型的运行提供各种相关的参数。然后，通过模型管理人机交互评估界面，使系统能够正确地索引到模型算法，实现综合评估。在模型基本信息设置完备后，最后就可以进入综合评估阶段。

### 7.3.2.1　复杂信息界面综合评价方法

复杂信息界面的评价方法目前主要分为两大类，一类是基于生理实验的评价方法，如利用眼动和脑电设备观察用户的指标变化，进而评价的复杂信息界面，但是这一类评估方法受周围因素影响，评估的模糊性较大；另一类是数学模型评价方法，目前常用的评价方法有：基于灰色理论的多级模糊综合评价方法[192-193]、基于熵权的灰色关联多级模糊评价方法[194-195]、基于重心排序的模糊综合评价方法[196]等。虽然这些综合评价方法可以更好地考虑和评估各种定性和定量指标，然而，也无法摆脱专家在评价过程中的随机性和模糊性，所以"水桶效应"有可能发生在评价系统中，也就是对同一指标赋予不同的权重会造成评价结果的差异，当某一指标劣化程度较高时，对最终评价结果的影响也较大。鉴于上述问题，本节提出一套复杂信息界面的综合评价体系和评价模型，具体评估过程如图7-4所示。

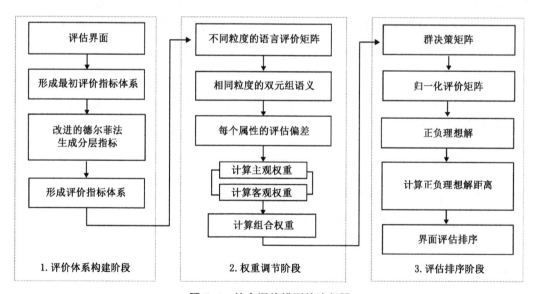

图7-4　综合评价模型的流程图

### 7.3.2.2　复杂信息界面评价体系构建

首先需要构建初步评价指标体系，并量化评价因素：通过复杂信息界面的任务和界面设计相关原则，分析界面的可用性指标和易用性指标，确定初步评价指标体系。同时邀请专业界面设计人员、界面使用人员和其他相关科研人员作为专家组成员。专家组在对各指标进行专家打分前,需要确定指标体系的评价因素并进行量化,评价因素包括评价水平、判断依据和操作熟悉度。评价指标的定量值如表 7-3 所示。

表 7-3 评价因子定量值

| 评价程度(Likert 5) | | 判断依据($C_j$) | | 熟悉度($C_f$) | |
|---|---|---|---|---|---|
| 程度分类 | 数值分配 | | | 程度分类 | 数值分配 |
| 最重要 | 5 | 使用经验 | 0.8 | 最熟悉 | 1.0 |
| 非常重要 | 4 | 依附相关理论基础 | 0.6 | 非常熟悉 | 0.8 |
| 重要 | 3 | 仅主观判断 | 0.2 | 熟悉 | 0.6 |
| 不重要 | 2 | | | 不熟悉 | 0.4 |
| 很不重要 | 1 | | | 很不熟悉 | 0 |

随后专家组对初审指标体系的各个指标进行第一轮打分,然后将第一轮的结果汇总,得到统计结果。在第二轮中,将各指标的一致性、平均值和结果分布反馈给各专家,专家根据这些反馈重新评估各指标的重要性。最后,统一统计分析专家的意见,确定最终的评价指标体系,并进行一致性检验。将检验所有专家意见的一致性分为四个统计指标,分别是专家的权威程度 $C_a$、专家意见的集中程度 $\bar{E}_i$、专家意见的分散程度 $\sigma_i$ 和专家意见的协调程度,计算方法如下:

(1)专家的权威程度通常由两个因素决定:一个是专家判断的依据 $C_j$,另一个是专家对问题的熟悉程度 $C_f$。

$$C_a = \lambda_1 C_j + \lambda_2 C_f \tag{7-1}$$

(2)专家意见的集中程度由评价指标的加权平均值计算反映,设定加权平均值越大,相应指标的重要性越高。

$$\bar{E}_i = \sum_{j=1}^{5} E_j m_{ij}/q, (i=1, 2, \cdots, n) \tag{7-2}$$

其中 $E_j$ 表示指标重要性的量化值,量化值的范围从 1(最不重要到)到 5(最重要),$m_{ij}$ 为给某一指标 $i$ 相同分数 $j$ 的专家总和,$n$ 为指标编号,$q$ 为专家编号。

(3)专家意见的离散程度反映专家评估结果的离散程度。设定值越小,专家评价结果的离散度越小。

$$\sigma_i = \Big[\sum_{j=1}^{5} m_{ij}(E_j - \bar{E}_i)^2/q - 1\Big]^{\frac{1}{2}} \tag{7-3}$$

(4)专家意见的协调程度通过变量系数 $V_i$ 和一致性系数 $W$ 共同作用,它反映了不同专家意见的一致性。

$$V_i = \sigma_i / \bar{E}_i \tag{7-4}$$

$$W = \frac{12}{q^2(n^3-n)-q\sum\limits_{k=1}^{q}T_K}\sum_{i=1}^{n}(R_i-\bar{R})^2 \tag{7-5}$$

其中 $V_i$ 表示专家对指标 $i$ 评价的协调程度，$V_i$ 值越小，专家之间的协调程度越高。$W$ 表示专家对指标体系评价的协调程度，协调系数值在 $[0,1]$，系数越大，专家评估结论越一致，则置信度越高。$R_i$ 为评价指标 $i$ 的重要程度之和，$\bar{R}$ 为各指标重要程度之和的算术平均值。$T_K$ 为修正系数。

根据两轮咨询，将部分指标的统计结果进行对比，如表 7-4 所示。通过比较两轮咨询的结果，可以看出大部分指标是稳定的。而在第二轮中，几乎所有的标准差 $\sigma$ 和变异系数 $V$ 都小于前一轮。说明第二轮专家的分散程度降低，协调程度变高。

表 7-4　两轮评估结果对比表

| 统计系数 | | 第一轮 | | | 第二轮 | | |
|---|---|---|---|---|---|---|---|
| | | $\bar{E}$ | $\sigma$ | $V$ | $\bar{E}$ | $\sigma$ | $V$ |
| $U_1$ | $U_{11}$ | 2.78 | 1.22 | 0.32 | 3.08 | 0.86 | 0.28 |
| | $U_{12}$ | 2.97 | 0.69 | 0.27 | 3.19 | 0.73 | 0.21 |
| ... | $U_{13}$ | 3.01 | 1.04 | 0.41 | 3.31 | 1.09 | 0.45 |
| | ... | ... | ... | ... | ... | ... | ... |
| $U_n$ | $U_{n1}$ | 3.55 | 0.89 | 0.29 | 3.56 | 0.77 | 0.17 |
| | $U_{n2}$ | 3.12 | 1.13 | 0.38 | 3.18 | 0.95 | 0.26 |

结合以上统计分析结果，从初始指标体系中筛选出最终的界面评价指标体系。如表7-5所示。

表 7-5　复杂信息界面评价指标体系

| 主要指标 | 一级指标 | 二级指标 |
|---|---|---|
| 可用性（物理层面定量判断） | 编码设计 | 表征信息颜色编码、表征信息位置编码、表征信息尺寸编码、表征信息冗余编码、信息转换交互方式、信息误读率、信息读取正确率、信息读取反应时 |
| | 布局界面 | 界面布局形式、界面布局位置、界面布局尺寸、界面层级转换、界面布局结构、界面转换交互形式、信息架构 |
| 易用性（感知层面定性判断） | 视觉感知 | 视觉舒适性、信息辨别性、判断高效性、界面平衡性、界面对称性、信息可读性、标准化 |
| | 系统反馈 | 导航系统合理性、功能系统合理性、标识系统合理性、布局位置合理性、信息编码合理性、信息架构合理性、交互方式合理性 |

### 7.3.2.3　评价指标综合权重确定

在多个界面的排序评价过程中，设定一组不同粒度的语言短语评价集 $P$ 为：$S^{Q_1}, S^{Q_2}, \cdots,$ $S^{Q_P}$，$S^{Q_p} = \{s_i^{Q_p} \mid i = 0, 1, \cdots, Q_p-1\}$。$Q_p$ 为自然数，其基数值为奇数，满足以下性质：

(1) $s_i > s_j$, if $i > j$; (2) 有一个否定运算符 $neg(s_i) = s_j, j = t - i + 1$; (3) $\max(s_i, s_j) = s_i$, if $s_i \geqslant s_j$, (4) $\min(s_i, s_j) = s_i$, if $s_i \leqslant s_j$[197]。 但一般情况下，不同类型的语言信息是由专家小组提供的，它们可能与 $S$ 中的语言标签不匹配。因此，在语言评价集的基础上，用二元组表示基于符号转移的语言评价信息。任何二元语义 $(r_i, \alpha_i)$ 和 $(r_j, \alpha_j)$ 之间的距离被定义为[198]：

$$(d, \alpha) = \Delta(\mid \Delta^{-1}(r_i, \alpha_i) - \Delta^{-1}(s_j, \alpha_j) \mid) \tag{7-6}$$

其中 $d \in S$, $\alpha \in [-0.5, 0.5]$, $\Delta$ 是将语言符号转化为二元语言形式的函数，$\Delta^{-1}$ 是将二元语义转化为其代表值的函数。

在聚合一组二元语义时，有序加权平均算子没有考虑二元语义指标权重信息，因此在群集结过程中需要模糊量化算子以间接获取群集结权重，计算过程较为复杂。二元加权平均算子考虑了二元指标权重信息，可以在群体聚合过程中直接聚合专家群体的偏好信息，从而简化了计算过程，提高了评价效率。

在不同的情况下，如何确定评价指标的权重是界面设计优化选择过程中的关键步骤，特别是属性权重信息不完全或完全未知的群体决策问题。本书的组合权重是通过主观权重和客观权重来计算的。本节将给出计算组合权重的方法。具体步骤如下：

(1) 将每个专家分配的指标重要性向量转化为相同粒度的二元语义形式。通过改变，可以用以下公式表示[199]

$$(\omega_j^{*k}, \alpha_j^{*k}) = \Delta\left(\frac{\Delta^{-1}(\theta(\omega_j^k))(Q-1)}{Q_k - 1}\right) \tag{7-7}$$

(2) 假设专家组的权向量为 $W^E = (\omega_1^e, \omega_2^e, \cdots, \omega_q^e)^T$，而且满足 $\sum_{k=1}^{q} \omega_k^e = 1$, $\omega_k^e \in [0, 1]$。 使用二元语言距离公式(7-6)计算专家 $e_k$ 与所有其他专家组之间关于属性评价值 $u_j$ 的距离。则由下列公式求得偏差 $\rho_{kj}$ 为：

$$\rho_{kj} = \frac{1}{n}\sum_{i=1}^{n}\sum_{h=1}^{q} \mid \Delta^{-1}(r_{ij}^k, \alpha_{ij}^k) - \Delta^{-1}(r_{ij}^h, \alpha_{ij}^h) \mid \tag{7-8}$$

其中 $k = 1, 2, \cdots, q$; $j = 1, 2, \cdots, m$。 因此，评价指标 $u_j$ 的总偏差 $\rho_j$ 可由以下公式求得：

$$\rho_j = \sum_{k=1}^{q} \omega_k^e \rho_{kj}, j = 1, 2, \cdots, n \tag{7-9}$$

那么主观权重 $\omega_{aj}$ 的计算为：

$$\omega_{aj} = \frac{\rho_j}{\sum_{j=1}^{n} \rho_j}, j = 1, 2, \cdots, n \tag{7-10}$$

客观权重 $\omega_{bj}$ 的计算为：

$$\omega_{bj} = \frac{\sum_{k=1}^{q} \omega_k^e \Delta^{-1}(\omega_j^{*k}, \alpha_j^{*k})}{\sum_{j=1}^{n}\sum_{k=1}^{q} \omega_k^e(\omega_j^{*k}, \alpha_j^{*k})}, j = 1, 2, \cdots, n \tag{7-11}$$

（3）最终将评价指标的主观权重和客观权重进行组合，定义为：

$$\omega_j = \beta\omega_{aj} + (1-\beta)\omega_{bj} \tag{7-12}$$

其中 $\beta$ 为主观权重占组合权重的比例，$\beta \in [0, 1]$，如公式（7-12）所示，$\beta$ 越接近 1，说明权重越接近客观权重；$\beta$ 越接近 0，说明权重越接近主观权重。

### 7.3.2.4　界面综合评估排序

解决多属性冲突问题的方法很多，其中 TOPSIS 和 VIKOR 是最接近理想情况的折中解。而 VIKOR 方法是针对复杂系统的多目标优化问题提出的，其显著特点是基于理想点贴近度的特殊度量，提出的折中解在总效用最大化和个体效用最小化之间提供了一个平衡，并且纳入专家组主观偏好的优势[200]，因此有助于保证界面综合评价排名结果的合理性。目前，该方法已扩展到不同形式的评价信息环境，如区间数[201]、三角模糊数[202]、二元语义[199]、广义区间梯形模糊数[203]等，但不确定语言决策环境的应用较少涉及。界面评估的具体步骤如下：

（1）将界面评价指标权重 $\omega_j^k$、专家权重 $\omega_k^e$ 和不确定语言评价矩阵 $R_{ij}^k = (r_{ij}^k)_{m\times n}$ 分别转化为二元语言形式 $\tilde{\omega}_j^k$、$\tilde{\omega}_k^e$ 和 $\tilde{R}_{ij}^k = (\tilde{r}_{ij}^k)_{m\times n}$，其中 $\tilde{\omega}_j^k = (\tilde{\omega}_j^k, 0)$，$\tilde{r}_{ij}^k = [(r_{ij}^{kL}, 0), (r_{ij}^U, 0)]$，$k = 1, 2, \cdots, p$，$i = 1, 2, \cdots, m$，$j = 1, 2, \cdots, n$。公式如下：

$$\tilde{r}_{ij} = \Delta\left(\frac{\sum\limits_{k=1}^{t}[\Delta^{-1}(\omega_k^e, 0) \times \Delta^{-1}(r_{ij}^{kL}, 0)]}{\sum\limits_{k=1}^{t}\Delta^{-1}(\omega_k^e, 0)}, \frac{\sum\limits_{k=1}^{t}[\Delta^{-1}(\omega_k^e, 0) \times \Delta^{-1}(r_{ij}^{kU}, 0)]}{\sum\limits_{k=1}^{t}\Delta^{-1}(\omega_k^e, 0)}\right) \tag{7-13}$$

其中 $r_{ij}^L, r_{ij}^U \in S$，$\alpha_{ij}^L, \alpha_{ij}^U \in [-0.5, 0.5)$ $i = 1, 2, \cdots, m$，$j = 1, 2, \cdots, n$。

（2）定义各指标的正理想解和负理想解。为了得到所有情况下的比较序列，可以将各指标下的正理想解和负理想解定义为：

$$\tilde{r}_j^+ = \begin{cases} \max\limits_{1\leqslant i\leqslant m} \tilde{r}_{ij} \\ \min\limits_{1\leqslant i\leqslant m} \tilde{r}_{ij} \end{cases} \tag{7-14}$$

$$\tilde{r}_j^- = \begin{cases} \min\limits_{1\leqslant i\leqslant m} \tilde{r}_{ij} \\ \max\limits_{1\leqslant i\leqslant m} \tilde{r}_{ij} \end{cases} \tag{7-15}$$

（3）计算每个界面设计案例的群体效用值：

$$u_i = \frac{\sum\limits_{j=1}^{n}[\Delta^{-1}\tilde{\omega}_j^k \times b_{ij}]}{\sum\limits_{j=1}^{n}(\Delta^{-1}\tilde{\omega}_j^k)} \tag{7-16}$$

$$Y_i = \frac{\max\limits_{1 \leqslant j \leqslant n}[\Delta^{-1}\tilde{\omega}_j^k \times b_{ij}]}{\sum\limits_{j=1}^{n}(\Delta^{-1}\tilde{\omega}_j^k)} \tag{7-17}$$

其中 $b_{ij} = \dfrac{\parallel \tilde{r}_j^+ - \tilde{r}_{ij} \parallel}{\parallel \tilde{r}_j^+ - \tilde{r}_j^- \parallel}$。

（4）通过比较折中排序值对评估界面进行综合排序：

$$\vartheta_i = \varepsilon\frac{\Delta^{-1}u_i - \Delta^{-1}u^+}{\Delta^{-1}u^- - \Delta^{-1}u^+} + (1-\varepsilon)\frac{\Delta^{-1}Y_i - \Delta^{-1}Y^+}{\Delta^{-1}Y_i - \Delta^{-1}Y^+} \tag{7-18}$$

其中 $u^+ = \min\limits_{1 \leqslant i \leqslant m}\{u_i\}$，$u^- = \max\limits_{1 \leqslant i \leqslant m}\{u_i\}$，$Y^+ = \min\limits_{1 \leqslant i \leqslant m}\{Y_i\}$，$Y^- = \max\limits_{1 \leqslant i \leqslant m}\{Y_i\}$，$\varepsilon$ 为折中系数，$\varepsilon \in [0,1]$。决策系数值的差异导致折中排序值的变化，折中排序值越小，情况越好。最终得到所有决策方案的排序结果。

以图 7-5 中的三组指挥控制界面的设计方案为验证案例进行界面的综合评价，通过以上计算过程得到最终的排序结果如下：

$$\tilde{r}_j^+ = ([0.641, 0.223], [0.735, 0.067], [0.506, 0.328])$$

$$\tilde{r}_j^- = ([0.508, 0.423], [0.315, 0.565], [0.719, 0.022])$$

$$u_i = \{0.373, 0.529, 0.514\}$$

$$Y_i = \{0.158, 0.273, 0.298\}$$

$$\begin{cases} \varepsilon < 0.5 & C_1 > C_3 > C_2 \\ \varepsilon = 0.5 & C_1 > C_3 > C_2 \\ \varepsilon > 0.5 & C_1 > C_2 > C_3 \end{cases}$$

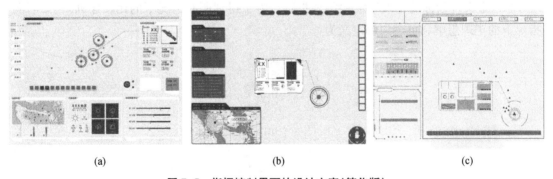

(a)　　　　　　　　　　(b)　　　　　　　　　　(c)

**图 7-5　指挥控制界面的设计方案（简化版）**

三个类别的排序结果均显示方案一为优解方案。为了验证该评价方法的有效性，比较该方法与其他典型的评价方法，包括模糊层次综合评价方法（FAM）[193]、模糊重心法（FCG）[196]、模糊 TOPSIS 评价方法（FT）[204]。如表 7-6 所示，评价结果与提出的方法是一致的。

表 7-6　不同评价方法的评价结果

| 评价方案 | FAM | | FCG | | FT | |
|---|---|---|---|---|---|---|
| 方案(1) | 0.654 | 1 | 0.782 | 1 | 0.482 | 1 |
| 方案(2) | 0.371 | 3 | 0.408 | 2 | 0.402 | 2 |
| 方案(3) | 0.557 | 2 | 0.279 | 3 | 0.395 | 3 |

#### 7.3.2.5　界面综合评价数据库构建

界面评价数据库构建采用 Microsoft Access 作为后台数据库,采用 Data Access Object 作为数据库接口,采用 Visual Basic 进行编程实现前端数据操作。界面综合评价数据库为界面设计人员提供界面设计参数和界面评价指导。当数据库系统得到来自使用者的指令时,首先系统内部会分析实现用户指令需要的数据。随后会自动检索相关的数据表,若相关数据存在,则调用该数据所对应的功能模块,选择功能选项,执行相应的 SQL 语言,做出输出处理;若使用的相关数据不存在,则给出错误信息,任务终止。通过对界面评价过程中常用的数据资料和使用人员的评估需求,数据库在设计的过程中需要具备的五大模块如图 7-6 所示,即导航模块、信息查询模块、综合评估模块、数据库模块和系统维护模块。

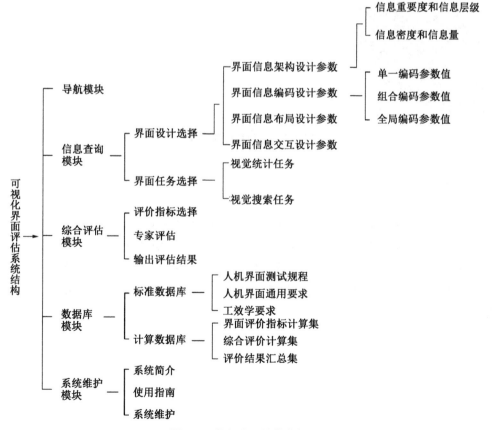

图 7-6　数据库系统整体框架

综合评估的参数配置流程如下：（1）进入综合评估决策模块。首先选择模型及对应的评估指标体系，如果用户发现没有适合的指标体系，可以进入新建指标体系模块，重新建立或者修改现有的指标体系。（2）针对评价指标做出评估。用户需要根据具体情况，给出指标的评估值，以便确定权重。（3）选择综合合成算法。所有的算法文件均封装为独立的算法程序，涉及的变量均为模型内部私有变量。（4）将结论及相关信息存入数据库模块，并显示结果给用户。

界面指标评价界面如图 7-7 所示。

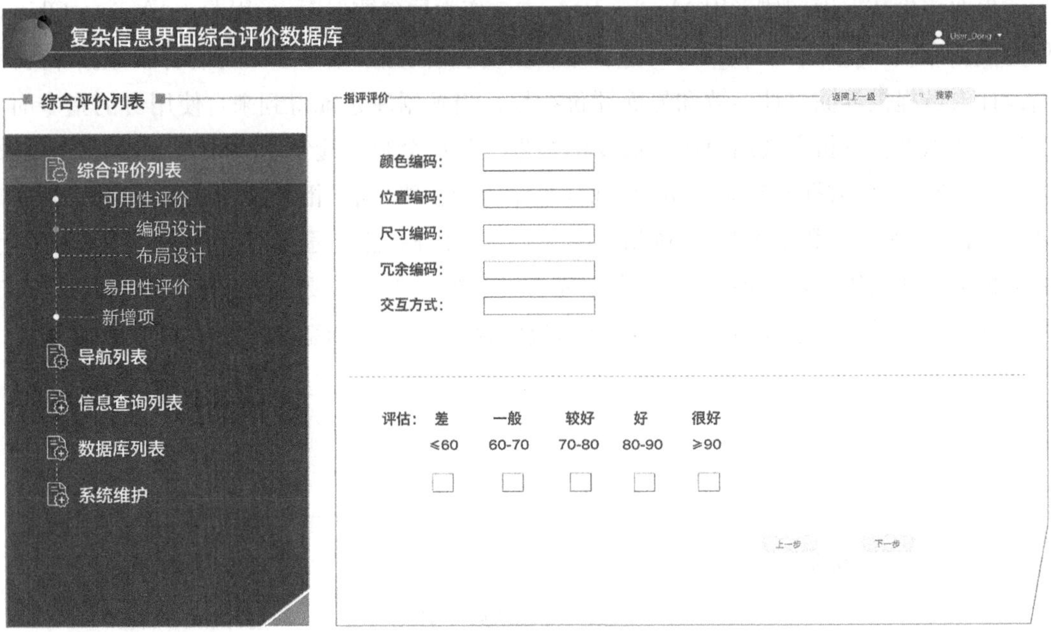

**图 7-7　界面指标评价界面**

## 本章小结

本章首先通过整合识别任务驱动、模式判断任务驱动和量级总结任务驱动的全局编码的感知差异拟合关系和感知规律，形成针对界面设计的全局编码决策集，并基于此集合设计相关界面实例。其次，构建了信息界面的评价数据库，并将加权平均算子和 VIKOR 相结合的多目标决策方法首次作为界面评价的综合方法嵌入数据库中，以验证决策集的有效性和合理性。

# 第八章 总结及展望

## 8.1 总结

在大数据和信息时代背景下,信息的体量和维度在急速增长,而人类对信息感知的能力却没有跨越式提升,本书以两者之间的发展矛盾为研究导向,研究视觉处理信息容量限制的关键机制——全局编码,找出影响复杂信息界面全局编码的感知差异拟合关系与感知量化规律。这些研究有利于复杂信息界面编码的优选决策问题,便于人类快速、直接地获取信息的逻辑结构和关联属性,从而保障用户对复杂界面信息的识别、分析、决策整个过程高效可靠的运行,同时也为复杂信息界面的评价提供了重要的理论支撑。

本书以人机交互界面为研究背景,以视觉科学与设计科学相关理论为基础,以人类视觉系统相对稳定的感知结构为研究出发点,采用心理物理学相关方法和实验范式,结合认知心理学和设计学中的视觉差值理论、注意力控制模型,工作流任务模型以及感知量化模型等,引入差异阈值的概念对感知差异进行量化研究,探究了不同任务驱动的全局编码感知差异拟合关系,进而总结出针对界面设计的全局编码决策集,为复杂信息界面的设计与评价提供了更系统和全面的科学基础。

本书的主要研究工作包括:

(1)对复杂信息界面编码感知的国内外研究现状做了全面分析,总结了目前的研究热点和已取得的研究成果,深入梳理了视觉统计中全局编码感知差异的形成因素和感知基础,提出从全局编码角度解决复杂信息界面设计评价方法的量化问题。该部分内容构建了复杂信息界面全局编码的感知差异量化研究的理论基础和研究框架。

(2)从界面任务执行的目的和方法、任务执行的数据特征等方面对复杂信息界面多层级的任务类型进行了深入分析,总结出全局感知驱动的界面任务的分类形式,包括以用户行为为中心和以信息结构为中心的任务分类形式。进而对基于全局任务的界面设计的有效性和视觉特征对全局任务评价的影响进行了总结。最后提出全局感知的任务集,包括全局识别任务、全局模式判断任务和全局量级总结任务三大类。

(3)总结了时间压力的相关理论与获取方法,并针对时间压力在感知阶段的影响、时间压力与时间约束的区别、感知时间压力模型以及时间压力的测量方法等进行深入分析。在相关理论基础上,开展了两组识别任务驱动的感知差异实验研究,分别为感知差异阈值测量实验(绝对值局部识别实验)和全局识别任务信息编码感知差异实验(相对值全局识别实验),并将形状编码和颜色编码对实验绩效的影响作为因变量进行深入探讨分析。最后得到了基于绝对值识别和基于相对值识别任务的视觉特征感知规律和全局编码感知差异拟合关系,为识别任务驱动的全局编码提供了设计与评价指导。

(4) 对信息相关性在模式判断任务中的视觉形式及感知方法进行深入探讨,并基于相关阈值测量手段及感知量化方法,开展了三组信息相关性感知差异量化实验,分别从颜色编码对信息相关性感知绩效影响、冗余编码对信息相关性感知绩效影响和空间维度对信息相关性感知绩效影响进行了深入探讨。最后对实验结果分析和讨论,得到了模式判断任务驱动的全局编码的感知差异拟合关系和感知规律,为模式判断任务驱动的信息界面设计与评价提供了指导。

(5) 对量级总结任务的相关感知理论和影响量级总结任务的视觉因素做了深入剖析,包括对信息整合机制和视觉引导搜索机制的深入研究,对视觉拥挤、信息冗余等因素如何影响量级总结任务进行了系统分析。基于相关理论,开展了三组实验研究,总结出不同的编码形式对量级总结任务的感知差异机制和感知规律,为复杂信息界面的设计与评价提供了指导。

(6) 整合识别任务驱动、模式判断任务驱动和量级总结任务驱动的全局编码的感知差异拟合关系和感知规律,形成针对界面设计的全局编码决策集,并基于此集合设计相关界面实例,通过使用加权平均算子和 VIKOR 相结合的评价方法,验证决策集的有效和合理性。

通过相关研究工作,取得了如下创新性成果。

(1) 提出了全局编码感知差异的形成因素、全局编码的感知策略以及全局编码的量化感知方法,为复杂信息界面全局编码的感知差异量化研究奠定了理论基础,并改进了测定感知差异阈值的实验方法,为量化感知实验中涉及的实验设计方法提供了科学依据。

(2) 提出了全局感知驱动的界面任务分类形式,首次总结了全局感知的任务集。对全局任务集中不同全局任务驱动下的信息编码的感知差异量化研究提供了方法指导。

(3) 对识别任务驱动、模式判断任务驱动和量级总结任务驱动的全局编码如何影响信息识别进行了深入的研究,首次构建了不同任务驱动下的全局编码感知差异量化模型,并提出了不同的感知差异量化规律。为全局任务驱动的信息编码提供了设计与量化评价指导。

(4) 构建了全局编码的信息决策集以及复杂信息界面的综合评价数据库,并将加权平均算子和 VIKOR 相结合的多目标群决策模型作为综合评价库中的可用算法,全面有效地评价复杂信息界面的设计。

## 8.2　后续研究开展

笔者在复杂信息界面任务驱动的全局编码感知差异量化研究上做了大量的工作,在课题研究策略、实验研究方法和视觉感知差异量化方法上取得了一定的成果,也弥补了视觉统计在信息界面全局编码感知差异研究的空白,为视觉科学与设计科学的学科融合做出了一定的贡献。除此之外,相关实验研究结果为推动对复杂信息界面的量化设计与评价提供了现实指导意义。但是,仍有一些学科问题需要进一步进行深入研究:

（1）需要进一步扩充全局编码的视觉表征形式，丰富全局编码感知差异影响的视觉因素，完善影响全局编码感知绩效的视觉因素集合。

（2）需要进一步研究复杂信息界面的任务流，对复杂信息界面任务的重要程度和任务层级进行细化分类，深入探讨不同任务整合的同一界面中编码设计的方法与原则。

（3）需要进一步细化复杂信息界面全局任务与全局编码的形式，完善界面全局任务与全局编码优选的映射关系，丰富界面全局编码的决策集。

（4）需要进一步完善复杂信息界面评价指标体系，构建复杂信息界面与评价方法的对应关系，并且借助数学模型与生理测评结合的方式，完善对复杂信息界面综合评价数据库的构建。

## 8.3 信息可视化相关发展与技术

### 8.3.1 信息可视化相关发展趋势

信息可视化是人机交互中一个快速发展的领域，旨在帮助用户管理和理解越来越多的信息。目前国内外在可视化设计领域上具有两个明显的趋势，一是可视化的设计更少地依赖人工，而越来越趋向自动化与标准化；二是可视化设计已经渗透生活的方方面面，在各个领域都发挥着重要作用。

（1）可视化设计趋于自动化

当可视化需要呈现大量数据时，自动设计例如自动布局、自动配色等显得尤为重要。如今大多数可视化设计都是由人类设计师完成的，这一过程可能非常耗时。近年来，许多可视化工具、可视化设计框架、可视化自适应方法的出现，使得可视化设计逐步趋于自动化和规范化。

（2）可视化界面三维呈现

信息可视化界面的三维显示与二维显示相比，其根本区别在于在二维显示的基础上增添了深度维度。深度为三维显示带来了空间感，使信息元素同时具备了上下、左右、前后等空间位置关系，此外界面图形元素也有了更多的自由度，可以在三维空间环境内沿三个轴平移或者绕三个轴旋转。

三维显示的空间感来源于用户的空间认知。人类拥有深度知觉能力，能够判断现实世界中物体的远近距离，而计算机的屏幕输出是二维的，界面图形需要依靠深度线索给用户提供三维的感觉，空间感产生过程中常用的深度线索包括相对大小、空间遮挡、纹理梯度、明亮和阴影等。

### 8.3.2 相关技术

（1）人工智能（Artificial Intelligence，AI），是计算机科学的一个分支，它融合了生理学、心理学、管理学等众多学科的相关知识，研究目的在于探究人类智能的实质并设法模拟出人类独有的意识、思维、情感等机制,延伸和拓展计算机的功能,模仿人类大脑思考所产生的效果。

自1956年在美国Dartmouth学院上"人工智能"一词被正式提出以来的60多年的历史中,人工智能的发展经历了起始期、上升期、衰退期以及突破期[205],并在最近的一段时间中被人广泛关注。人工智能的发展离不开海量的数据支持以及强大的数据处理能力,得益于计算机硬件性能的提升、互联网技术的应用以及算法的进步,人工智能技术飞速发展。

当前,AI技术已经渗透到交通、医疗、金融、教育等行业,深度学习、增强学习、智能人机接口等技术使得人工智能在机器学习、计算机视觉、语音识别以及交互、图像识别、自然语言理解与处理、智能驾驶、智能机器人等诸多领域得到突破性进展。良好的发展环境以及成熟的技术体系成为全球人工智能产业发展的巨大推力,国内外公司纷纷介入到该领域当中。

(2) 自然人机交互,即建立在自然用户界面之上的交互形式。相对基于图形用户界面(Graphic User Interface, GUI)的传统交互方式而言,自然交互容许人们以最自然的方式与机器进行互动与信息传递,无需学习系统开发者预先设置的指令。自然人机交互方式的出现充分体现了以用户为中心的设计思想,它将信息以自然、直观的方式呈现给用户。随着人工智能技术飞速发展,用户不仅仅通过鼠标和屏幕与智能装备进行交互,手势、姿态、语音等多通道的信号输入方式也被运用到了自然人机交互之中,这些通道不仅能够弥补相互之间的不足,还能够分担认知负荷,让用户以自己最熟知的方式进行交互,降低了学习成本,提高了交互效率和精度。得益于人工智能技术的发展,智能装备在一定程度上具备了对情感和意图进行认知与识别的能力,系统通过分析用户的状态,利用算法预测用户行为并为其提供恰当的界面显示内容和显示方式,降低了人机界面上的信息量和用户的认知负荷。

自然人机交互不仅仅聚焦于用户的手势、声音、视觉、动作等方面的功能[12],还进一步关注更高级的认知功能,例如对于情感的认知与表达、对于态势的感知、对用户行为模式的识别等,通过对用户状态的感知与识别,适时调整人机界面中的信息显示方式和显示内容,充分利用多种感知通道的互补特性反映用户意图[13],通过多通道的信息反馈提高交互的效率与人机界面的可用性。它的诞生使得用户不仅仅能够实现与现实物体进行交互,更能在同样的界面中与虚拟物体进行交互[14],实现虚拟与现实环境的结合,大大拓宽了交互进行的范围。借由多通道方式进行人机交互,打破了由于物理局限性而导致的视觉交互相关的约束限制,通道之间可以相互补给,使得人与机器间双向信息对流效率最大化,降低了用户的认知负荷,让交互行为以用户最熟知的方式发生,降低了用户的学习成本并能广泛地适应各个层次的用户[206]。

# 附　录

## 1. 实验 JS

### (1) 实验刺激拉丁方显示 JS

```
export {initialize_latin_square}
function latin_square (row) {
    var sN = row. length,
            rowCount = 0
    // prepare array of row and col indices for pre-sorting
    var hSort = shuffle(sequence(sN)),
    vSort = shuffle (hSort.slice())
    return function nextRow(countORtarget) {
        if (rowCount === sN) return countORtarget = null
        var target = Array.isArray(countORtarget)? countORtarget
            : (countORtarget >= 0)? Array(countORtarget)
            : Array(sN)
        if (target. length > sN) target. length = sN
        for (var i = 0; i < target. length; ++i) {
            var idx = hSort[i] + vSort[rowCount]
            if (idx >= sN) idx -= sN
            target[i] = row[idx]
        }
        rowCount++
        return target
    }
}
function sequence(n) {
for (var i = 0, a=Array(n); i < n; ++i) a[i] = i
return a
}
function shuffle(arr) {
    var len = arr. length
    while (len) {
```

```
        var rnd = Math.floor(Math.random() * len--)
        var tmp = arr[len]
        arr[len] = arr[rnd]
        arr[rnd] = tmp
    }
    return arr
}
function initialize_latin_square(size) {
    var array = Array.apply(null, {length: size}).map(Number.call, Number);
    var sampler = latin_square(array);
    var row = sampler();
    console.log("Latin square: " + row);
    return row;
}
```

## (2) 量级评估实验基础 JS

```
import{generateRandomDistribution}from"/scripts/experiment-properties/distribution/random_
distribution_generator.js";
import{balance_subconditions} from"/scripts/experiment-properties/balancing/balancing_controller.js";
import {get_data} from "/scripts/experiment-properties/data/data_controller.js";
import {randomize_position,
        randomize_radius_position,
        force_greater_right_position} from "/scripts/helpers/experiment_helpers.js";
export default class Numerosity {
  constructor(params) {
    var address = location.protocol + "//" + location.hostname + ": " + location.port;
    let trial_structure = params["trial_structure"];
    let condition_name = params["condition"];
    let graph_type = params["graph_type"];
    let balancing_type = params["balancing"];
    this.condition_name = condition_name;
    this.condition_group = this.condition_name.split('_')[0];
    if (! EXPERIMENTS["numerosity"]["trial_structure"].includes(trial_structure)) {
      throw Error (trial_structure + " is not supported.");}
    else {
      this.trial_structure = trial_structure;
    }
    if (! EXPERIMENTS["numerosity"]["graph_type"].includes(graph_type)){
      throw Error (graph_type + " is not supported.")}
```

```
    else {
        this. graph_type = graph_type;
    };
    if (! EXPERIMENTS["numerosity"]["balancing_type"].includes(balancing_type)) {
        throw Error (balancing_type + " is not supported.")}
    else {
        this. balancing_type = balancing_type;
    }
    this. condition_name = condition_name;
    this. subject_id = params["subject_id"];
    this. subject_initials = params["subject_initials"]
    this.raw_sub_conds; // subconditions in estimation_data.js
    this. target_color = "#dbc667";
    this.sub_condition_order;
    this. experiment_conditions_constants = [];
    this. current_sub_condition_index;
    this. target_coordinates = "";
    this. distractor_coordinates = "";
    this. trial_data = "";
    this. prepare_experiment ();
}

    prepare_experiment () {
    let dataset = this.raw_sub_conds;
     this.sub_condition_order = balance_subconditions (this. balancing_type, this. constructor. name.
    toLowerCase(), dataset.length);
        let ordered_dataset = [];
        for (let i = 0; i < this.sub_condition_order. length; i++) {
            ordered_dataset[i] = dataset[this.sub_condition_order[i]];
        }
        this.experiment_conditions_constants = ordered_dataset;
        this. current_sub_condition_index = 0;
}
generate_trial(block_type) {
    if ((block_type ! == "test") && (block_type ! == "practice")) {
        throw Error(block_type + " is not supported.")
    }
    var numerosity_exp = this;
    var address = location.protocol + "//" + location.hostname + ": " + location.port +
    "/numerosity_trial";
```

```
let group = {};
var fixation = {
    type: 'html-keyboard-response',
    stimulus: '<div style="font-size: 60px;">+</div>',
    choices: jsPsych.NO_KEYS,
    trial_duration: 1000,
    data: {type: 'fixation'}
};
var trial = {
    type: 'external-html-keyboard-response',
    url: address,
    choices: jsPsych.NO_KEYS,
    trial_duration: 2000,
    execute_script: true,
    on_start: function(trial){ // NOTE: on_start takes in trial var
        var index = numerosity_exp.current_sub_condition_index;
        var constants = numerosity_exp.experiment_conditions_constants[index];
        trial.data = constants;
        numerosity_exp.set_target_color(constants);
        numerosity_exp.handle_data_saving(trial, block_type, constants, index);
var base_coordinates = generateRandomDistribution(constants.row, constants.col, constants.target
_num_points, null);
        numerosity_exp.coordinates = [base_coordinates];
        numerosity_exp.trial_data = trial.data;
    }
};
var slider_response = {
    type: 'html-slider-response',
    labels: [10,70],
    min: 10,
    max: 70,
    start: 40,
    stimulus:
        "<p>How many of this square did you see?",
    prompt: '<p>Select the number by sliding the bar</p>',
    on_start: function(slider_response) {
        slider_response.stimulus =    "<p>How many of this square did you see?" +
        "<div align = 'center' style = 'height: 200px; display: block;'>" +
        "<img src = 'http://localhost: 8080/img/ ${numerosity_exp.target_color}.png'></img>" +
```

```
        "</div>" +
        "<div align = 'center' style = 'height: 25px; display: block;'>" +
        "</div><p>  </p>";
    }
  };
  group.timeline = [fixation, trial, slider_response];
  return group;
}
set_target_color(target) {
  var target_hex;
  if (target.point_color) {
    target_hex = target.point_color.substring(1);
  }
  else if (target.mix_by_attribute) {
    if (target.mix_by_attribute.point_color) {
      target_hex = target.mix_by_attribute.point_color[0].substring(1);
    }
  }
  else {
    target_hex = "000000"
  }
  this.target_color = "num_" + target_hex;
}
handle_data_saving(trial, block_type, constants, index) {
  trial.data = constants;
  trial.data.type = "numerosity";
  trial.data.sub_condition = index;
  if (block_type == "test"){
    trial.data.run_type = "test";
  }
  else{
    trial.data.run_type = "practice";
  }
}
export_trial_data() {
    var trial_data = jsPsych.data.get().filter({type: 'numerosity', run_type: 'test'})
    .ignore('type')
    .ignore('run_type')
    .ignore('left_correlation')
```

```
      .ignore('right_correlation')
      // These are variables forced on by jsPsych
      .ignore('stimulus')
      .ignore('key_press')
      .ignore('choices')
      .ignore('trial_type')
      .ignore('trial_index')
      .ignore('time_elapsed')
      .ignore('internal_node_id');
      var string = "S" + this.subject_id + "_" + this.condition_name + "_numerosity_trial_results.
      csv";
      trial_data.localSave('csv', string);
  }
  export_summary_data() {
    var csv = 'SUBJECT_ID,SUBJECT_INITIALS,CONDITION_NAME,NUM_TARGET_POINTS,
    ROW,COL,TRIALS\\n';
    var data = [];
    for (let i = 0; i<this.experiment_conditions_constants.length; i++){
      var row = [this.subject_id, this.subject_initials, this.condition_name];
      var constants = this.experiment_conditions_constants[i];
      var condition_data = jsPsych.data.get();
      row.push(constants.target_num_points);
      row.push(constants.row);
      row.push(constants.col);
      row.push(condition_data.count());
      data.push(row);
    }
    data.forEach(function(row){
      csv += row.join(',');
      csv += "\\n";
    });
    var hiddenElement = document.createElement('a');
    hiddenElement.href = 'data: text/csv;charset=utf-8,' + encodeURI(csv);
    hiddenElement.target = '_blank';
    hiddenElement.download = "S" + this.subject_id + "_" + this.condition_name + "_numerosity_
    summary_results.csv";
    hiddenElement.click();
  }
}
```

## (3) 相关性评估实验基础 JS

```javascript
{generateDistribution} from "/scripts/experiment-properties/distribution/gaussian_distribution_generator.js";
import {initialize_random_order} from "/scripts/experiment-properties/balancing/generators/random_generator.js";
import {balance_subconditions} from "/scripts/experiment-properties/balancing/balancing_controller.js";
import {get_data,
        get_data_subset} from "/scripts/experiment-properties/data/data_controller.js";
import {randomize_position,
        randomize_radius_position,
        force_greater_right_position} from "/scripts/helpers/experiment_helpers.js";
export default class JND
  constructor(params) {
    let trial_structure = params["trial_structure"];
    let condition_name = params["condition"];
    let graph_type = params["graph_type"];
    let balancing_type = params["balancing"];
    let conversion_factor = params["conversion_factor"];
    this.condition_name = condition_name;
    this.condition_group = this.condition_name.split('_')[0];
                                            // Mostly to handle "distractor" conditions.
                                            // TODO: Should have a better flag for it.
    this.subject_id = params["subject_id"];
    this.subject_initials = params["subject_initials"];
    if (! EXPERIMENTS["jnd"]["trial_structure"].includes(trial_structure)) {
      throw Error(trial_structure + " is not supported.");}
    else {
      this.trial_structure = trial_structure;
    }
    if (! EXPERIMENTS["jnd"]["graph_type"].includes(graph_type)){
      throw Error(graph_type + " is not supported.")}
    else {
      this.graph_type = graph_type;
    };
    if (! EXPERIMENTS["jnd"]["balancing_type"].includes(balancing_type)) {
      throw Error(balancing_type + " is not supported.") }
    else {
      this.balancing_type = balancing_type;
    }
```

```
    this.PIXELS_PER_CM = conversion_factor;
    this.MIN_CORRELATION = 0.0;
    this.MAX_CORRELATION = 1.0;
    this.MIN_TRIALS = 24;
    this.MAX_TRIALS = 52;
    this.WINDOW_SIZE = 24;
    this.WINDOW_INTERVAL = 3;
    this.CONVERGENCE_THRESHOLD = 0.75;
    this.INCORRECT_MULTIPLIER = 3;
    this.practice_conditions_constants;
    this.current_practice_condition_index;
    this.prepare_experiment();
    this.prepare_practice();
  }
  prepare_experiment() {
    let dataset = this.raw_constants;
    this.sub_condition_order = balance_subconditions(this.balancing_type, this.constructor.name.
    toLowerCase(), dataset.length);
    var ordered_dataset = [];
    for (let i=0; i < this.sub_condition_order.length; i++){
      ordered_dataset[i] = dataset[this.sub_condition_order[i]];
      this.adjusted_quantity_matrix[i] = [];
    }
    this.sub_conditions_constants = ordered_dataset;
    this.current_sub_condition_index = 0;
  }
  prepare_practice() {

    let dataset = this.raw_constants;

    this.sub_condition_order = initialize_random_order(dataset.length);
    let practice_dataset = [];
    for (let i=0; i < this.sub_condition_order.length; i++){
      practice_dataset[i] = dataset[this.sub_condition_order[i]];
    }
    this.practice_conditions_constants = practice_dataset;
    this.current_practice_condition_index = 0;
  }
  generate_trial(block_type) {
```

```javascript
if ((block_type ! == "test") && (block_type ! == "practice")) {throw Error(block_type + " is not supported.")};
var jnd_exp = this;
var address = location.protocol + "//" + location.hostname + ": " + location.port + "/jnd_trial";
var trial = {
    type: 'external-html-keyboard-response',
    url: address,
    choices: ['z', 'm', 'q'], //q is exit button (for debugging)
    execute_script: true,
    response_ends_trial: true,
    on_start: function(trial){ // NOTE: on_start takes in trial var
        if (block_type == "test"){
            var index = jnd_exp.current_sub_condition_index;
            var constants = jnd_exp.sub_conditions_constants[index];
        }
        else {
            var index = jnd_exp.current_practice_condition_index;
            var constants = jnd_exp.practice_conditions_constants[index];
        }
        var adjusted_value = jnd_exp.calculate_adjusted_value(constants);
        jnd_exp.handle_data_saving(trial, block_type, constants, index, adjusted_value);
        var base_coordinates = generateDistribution(constants.base_correlation,
                                                    constants.error,
                                                    constants.num_points,
                                                    constants.num_SD,
                                                    constants.mean,
                                                    constants.SD);
var adjusted_coordinates = jnd_exp.generate_adjusted_distribution(constants, adjusted_value);
        if (jnd_exp.condition_group === "distractor"){
            var left_dist_coordinates = generateDistribution(constants.dist_base,
                                                    constants.dist_error,
                                                    constants.dist_num_points,
                                                    constants.num_SD,
                                                    constants.mean,
                                                    constants.SD);
            var right_dist_coordinates = generateDistribution(constants.dist_base,
                                                    constants.dist_error,
                                                    constants.dist_num_points,
```

```
                                                    constants.num_SD,
                                                    constants.mean,
                                                    constants.SD);
        jnd_exp.distractor_coordinates = [left_dist_coordinates, right_dist_coordinates];
    }
    var result = randomize_position(trial,
                                    base_coordinates,
                                    adjusted_coordinates,
                                    constants,
                                    adjusted_value);
    jnd_exp.coordinates = [result.left, result.right];
    jnd_exp.trial_data = trial.data;
    if (constants.task) {
        console.log("[TASK TYPE]: " + constants.task);
    }
    console.log("[RIGHT] Correlation: " + trial.data.right_correlation);
    console.log("[RIGHT] Num points: " + trial.data.right_num_points);
    console.log("[LEFT] Correlation: " + trial.data.left_correlation);
    console.log("[LEFT] Num points: " + trial.data.left_num_points);
    },
    on_finish: function(data){ // NOTE: on_finish takes in data var
        let index;
        let constants;
        if (block_type == "test"){
            index = jnd_exp.current_sub_condition_index;
            constants = jnd_exp.sub_conditions_constants[index];
        }
        else {
            index = jnd_exp.current_practice_condition_index;
            constants = jnd_exp.practice_conditions_constants[index];
        }
        jnd_exp.check_response(data, constants);
        console.log("RESPONSE: " + data.correct);
    }
    };
    return trial;
}
handle_data_saving(trial, block_type, constants, index, adjusted_value)
    trial.data = constants;
```

```
      trial.data.type = "jnd";
      trial.data.adjusted_value = adjusted_value;
      if (constants.task) {
         switch (constants.task) {
            case "numerosity":
               trial.data.adjusted_value_type = "number of points";
               trial.data.jnd = Math.abs(adjusted_value - constants.num_points);
               break;
            case "correlation":
               trial.data.adjusted_value_type = "correlation";
               trial.data.jnd = Math.abs(adjusted_value - constants.base_correlation);
               break;
            default:
               throw Error("Calculations for jnd has not been handled for task: " + constants.task);
         }
      } else {
         trial.data.jnd = Math.abs(adjusted_value - constants.base_correlation);
      }
      trial.data.sub_condition = index;
      trial.data.balanced_sub_condition = this.sub_condition_order[index];
      if (block_type == "test"){
         this.adjusted_quantity_matrix[index].push(adjusted_value);
         trial.data.run_type = "test";
      }
      else{
         trial.data.run_type = "practice";
      }
   }
   end_sub_condition() {
      if (this.adjusted_quantity_matrix[this.current_sub_condition_index].length == this.MAX_TRIALS
      ||
            this.is_converged_in_window()){
         return true;
      }
      else {
         return false;
      }
   }
   is_start_of_subcondition() {
```

```
    if (this.adjusted_quantity_matrix[this.current_sub_condition_index].length === 0)      {
      return true;
    }
    return false;
}
is_converged_in_window() {

    var converged = false;
    var num_completed_trials = this.adjusted_quantity_matrix[this.current_sub_condition_index].length;
    if (num_completed_trials >= this.MIN_TRIALS && num_completed_trials >= this.WINDOW_
    SIZE) {
      var adjusted_quantity_windows = [];
      var last_trial = num_completed_trials - 1;
      var interval_size = this.WINDOW_SIZE / this.WINDOW_INTERVAL;
      var interval_remainder = this.WINDOW_SIZE % this.WINDOW_INTERVAL;
      var window_start = num_completed_trials - this.WINDOW_SIZE;
      console.log("num completed: " + num_completed_trials);
      console.log("window start: " + window_start);
      while (window_start < last_trial) {
        var current_interval_size = interval_remainder > 0 ? interval_size + 1 : interval_size;
        if (interval_remainder > 0) {
          interval_remainder--;
        }
        var adjusted_quantities = [];
        for (let i = 0; i < current_interval_size; ++i) {
          var adjusted_quantity = this.adjusted_quantity_matrix[this.current_sub_condition_index][i +
          window_start];
          adjusted_quantities.push(adjusted_quantity);
        }
        window_start += current_interval_size;
        adjusted_quantity_windows.push(adjusted_quantities);
      }
      console.log(adjusted_quantity_windows);
      var variance = [];
      var mean = [];
      for (let i = 0; i < adjusted_quantity_windows.length; i++){
        variance.push(math.var(adjusted_quantity_windows[i]));
        mean.push(math.mean(adjusted_quantity_windows[i]));
      }
```

```
            var mean_of_variances = math.mean(variance);
            var variance_of_means = math.var(mean);
            var F = variance_of_means/mean_of_variances;
            console.log("F: " + F)
            converged = F < (1 - this.CONVERGENCE_THRESHOLD);
        }
        if (converged) {console.log("CONVERGED!!!!")};
        return converged;
    }
    calculate_adjusted_value(constants) {
        if (this.first_trial_of_sub_condition){
            var adjusted_value = this.initialize_adjusted_statistic(constants);
            this.first_trial_of_sub_condition = false;
        }
        else{
            var last_JND_trial = jsPsych.data.get().filter({type: "jnd"}).last(1).values()[0];
            var adjusted_value = this.get_next_adjusted_statistic(last_JND_trial, constants);
        }
        return adjusted_value;
    }
    initialize_adjusted_statistic(constants) {
        let adjusted_value;
        if (constants.reference_start) {
            adjusted_value = constants.reference_start;
        }
        else {
            if (constants.converge_from_above){
                adjusted_value = Math.min(this.MAX_CORRELATION, constants.base_correlation +
constants.initial_difference);
            }
            else {
                adjusted_value = Math.max(this.MIN_CORRELATION, constants.base_correlation - constants.
initial_difference);
            };
        }
        return adjusted_value;
    }
    get_next_adjusted_statistic(last_JND_trial, constants){
        let next_adjusted_statistic;
```

```
if (constants.task){
    switch (constants.task) {
        case "numerosity":
            if (last_JND_trial.correct) {
                next_adjusted_statistic = last_JND_trial.adjusted_value + 1;
            } else {
                next_adjusted_statistic = last_JND_trial.adjusted_value - 3;
            }
            break;
        case "correlation":
            if (this.condition_name.split("_").includes("num") && this.condition_name.split("_").includes
            ("corr"))
        {

                if (last_JND_trial.correct) {
                    next_adjusted_statistic = last_JND_trial.adjusted_value + 0.01;
                } else {
                    next_adjusted_statistic = last_JND_trial.adjusted_value - 0.03;
                }
            }
            else {
                next_adjusted_statistic = this.get_next_adjusted_correlation(last_JND_trial, constants);
            }
            break;
        default:
            throw Error("Calculations for getting next adjusted statistic has not been handled for task: "
+ constants.task);
            break;
    }
}
else {
    let initial_difference = constants.base_correlation;
    next_adjusted_statistic = this.get_next_adjusted_correlation(last_JND_trial, constants);
}
return next_adjusted_statistic;
}
get_next_adjusted_correlation(last_JND_trial, constants){
    let next_adjusted_statistic;
    let initial_difference = constants.base_correlation;
    if (constants.converge_from_above) {
```

```
    if (last_JND_trial.correct) {
    next_adjusted_statistic = Math.max(initial_difference, last_JND_trial.adjusted_value - constants.max
_step_size);
        } else {
    next_adjusted_statistic = Math.min(this.MAX_CORRELATION, last_JND_trial.adjusted_value +
constants.max_step_size
        }
    } else {
        if (last_JND_trial.correct) {
    next_adjusted_statistic = Math.min(initial_difference, last_JND_trial.adjusted_value + constants.
max_step_size);
        } else {
    next_adjusted_statistic = Math.max(this.MIN_CORRELATION, last_JND_trial.adjusted_value -
constants.max_step_size
        }
    check_response(data, constants) {
    if (data.key_press == jsPsych.pluginAPI.convertKeyCharacterToKeyCode('q')){
        data.correct = -1;
        return -1;
    }
    let right_greater_clause;
    let left_greater_clause;
    if (! constants.task || constants.task === "correlation") {
    right_greater_clause = data.right_correlation > data.left_correlation;
    left_greater_clause = data.left_correlation > data.right_correlation;
    } else if (constants.task === "numerosity") {
    right_greater_clause = data.right_num_points > data.left_num_points;
    left_greater_clause = data.left_num_points > data.right_num_points;
    } else {
    throw Error("Check response function has not been handled for task: " + constants.task);
    }
    if(right_greater_clause && (data.key_press == jsPsych.pluginAPI.convertKeyCharacterToKeyCode
('m')) ||
        left_greater_clause && (data.key_press == jsPsych.pluginAPI.convertKeyCharacterToKeyCode
        ('z'))){
    data.correct = true;
    return true;
    }
    else {
```

```
        data.correct = false;
      return false;
    }
  }
  export_trial_data() {
```

## (4) 尺寸评估实验基础 JS

```
import {balance_subconditions} from "/scripts/experiment-properties/balancing/balancing_controller.
js";
import {get_data} from "/scripts/experiment-properties/data/data_controller.js";
import {randomize_position,
randomize_radius_position,
force_greater_right_position} from "/scripts/helpers/experiment_helpers.js";
export default class Estimation {
constructor(params) {
        let trial_structure = params["trial_structure"];
        let condition_name = params["condition"];
        let graph_type = params["graph_type"];
        let balancing_type = params["balancing"];
        if (! EXPERIMENTS["estimation"]["trial_structure"].includes(trial_structure)) {
          throw Error(trial_structure + " is not supported.");}
        else {
          this.trial_structure = trial_structure;
        }
        if (! EXPERIMENTS["estimation"]["graph_type"].includes(graph_type)){
          throw Error(graph_type + " is not supported.")}
        else {
          this.graph_type = graph_type;
        };
        if (! EXPERIMENTS["estimation"]["balancing_type"].includes(balancing_type)) {
          throw Error(balancing_type + " is not supported.") }
        else {
          this.balancing_type = balancing_type;
        }
        this.condition_name = condition_name;
        this.subject_id = params["subject_id"];
        this.subject_initials = params["subject_initials"];
        this.X_DISTANCE_BETWEEN_SHAPES = 12;
        this.Y_DIVIATION_FROM_X_AXIS = 3;
```

```
        this.MAX_STEP_INTERVAL = 10;
        this.ROUNDS_PER_COND = 4;
        this.MAX_Y_POS_JITTER = 0.1; // y axis can be shifted away from default（window / 2）by
        at most 0.1
        this.PIXEL_TO_CM = 37.7952755906;
        throw Error("PIXELS_PER_CM is not defined");
        }
        this.MARGIN = 5;
        this.input_count_array = [0, 0, 0, 0];
        this.curr_round_num = 0;
        this.curr_condition_index = 0; // pointing to positions in this.curr_conditions_constants
        this.is_practice = true;
        this.adjusted_midpoint_matrix = {};
        this.practice_trial_data = [];
        this.practice_end = false;
        this.sub_condition_order;
        this.curr_trial_data = {};
        this.results = [];
        this.raw_sub_conds = get_data(this);
        this.practice_conditions_constants = [];
        this.curr_conditions_constants = [];
        this.experiment_conditions_constants = [];
        this.prepare_experiment();
        this.prepare_practice();
    }
    prepare_experiment() {
        let dataset = this.raw_sub_conds;
        this.sub_condition_order = balance_subconditions(this.balancing_type,
this.constructor.name.toLowerCase(), dataset.length);
        let ordered_dataset = [];
    prepare_practice() {
        let dataset = this.raw_sub_conds;
        let practice_dataset = [];
        for (let i = 0; i < 1; i++){
            practice_dataset[i] = dataset[i];
            this.practice_trial_data[i] = [];
        }
        this.practice_conditions_constants = practice_dataset;
        this.curr_conditions_constants = practice_dataset;
```

```
        this.curr_condition_index = 0;
        this.current_practice_condition_index = 0;
        this.input_count_array = new Array(this.curr_conditions_constants[0].trials_per_round).fill
        (0);
        this.is_practice = true;
    }
    set_variables_to_experiment() {
        console.log("set_variables_to_experiment");
        this.curr_conditions_constants = this.experiment_conditions_constants;
        this.curr_condition_index = 0;
        this.curr_round_num = 0;
        this.input_count_array = new Array(this.curr_conditions_constants[0].trials_per_round).fill
        (0);
        this.is_practice = false;
    }
    generate_trial(block_type) {
        if ((block_type ! == "test") && (block_type ! == "practice")) {
            throw Error(block_type + " is not supported.")
        }
        var estimation_exp = this;
        var address = location.protocol + "//" + location.hostname + ": " + location.port + "/
        estimation_trial";
        let group = {};
        let is_ref_left = false;
        let ready = {
            type: 'html-keyboard-response',
            choices: [32, 'q'],
            stimulus: "",
            on_start: function(trial) {
                is_ref_left = Math.random() > 0.5;
                trial.stimulus = "";
                trial.stimulus += is_ref_left? "<div align = 'center'><font size = 20>" +
                    "<p>The modifiable shape will be on the <b>right.</b><p>" +
                    "<br> <br> <p><b>Press space to continue.</b></p></font></div
                    >" :
                    "<div align = 'center'><font size = 20>" +
                    "<p>The modifiable shape will be on the <b>left.</b><p>" +
                    "<br> <br> <p><b>Press space to continue.</b></p></font></div
                    >";
```

```
            },
        data: {type: 'instruction'}
    };
    let trial = {
        type: 'external-html-keyboard-response',
        url: address,
        choices: [32, 'q'],   // 32 = spacebar, 81 = q (exit button for debugging)
        execute_script: true,
        response_ends_trial: true,
        data: {
            round_num: 0,
            estimated_size: -1,
            adjustments: [], // array of numbers representing the adjustments made to the shape
            sub_condition_index: 0,
            block_type: block_type
        },
        on_start: function(trial) {
            let current_constants =
estimation_exp.curr_conditions_constants[estimation_exp.curr_condition_index];
            console.log(current_constants);
            trial.data.sub_condition_index = estimation_exp.curr_condition_index;
            trial.data.round_num = estimation_exp.curr_round_num;
            trial.data = Object.assign({}, trial.data);
            trial.data = Object.assign(trial.data, current_constants);
            trial.data.is_ref_left = is_ref_left; // is the reference shape on the left
            if (current_constants.mod_side_shapes && current_constants.ref_side_shapes) {
                trial.data.mod_side_shape_mod = current_constants.mod_side_shapes.mod;
                    trial.data.mod_side_shape_ref = current_constants.mod_side_shapes.ref;
                trial.data.ref_side_shape_main = current_constants.ref_side_shapes.main;
                trial.data.ref_side_shape_sub = current_constants.ref_side_shapes.sub;
                delete trial.data.mod_side_shapes;
                delete trial.data.ref_side_shapes;
            }
            estimation_exp.curr_trial_data = trial.data;
            if (trial.data.run_type === "practice") {
                estimation_exp.practice_trial_data[estimation_exp.curr_condition_index].push
                (trial.data);
            }
        },
        on_finish: function(data) {
```

```
update_curr_round_number(trial_data) {
    if (trial_data.round_num === this.ROUNDS_PER_COND - 1) {
        this.curr_round_num = 0;
    } else {
        this.curr_round_num++;
    }
}

update_curr_cond_idx(trial_data) {
    if (trial_data.round_num === this.ROUNDS_PER_COND - 1) {
        this.curr_condition_index++;
    }
}

save_adjustment(adjustment) {
    this.curr_trial_data.adjustments.push(adjustment);
}

save_estimated_size(estimated_size, unit) {
    this.curr_trial_data.estimated_size = estimated_size;
    this.curr_trial_data.estimated_size_unit = unit;
    console.log("ESTIMATED SIZE: " + estimated_size);
}

save_estimated_area(area) {
    this.curr_trial_data.estimated_area = area;
    console.log("ESTIMATED AREA: " + area);
}

save_reference_shape_area(attributes) {
    let name_array = this.condition_name.split("_");
    let ref_shape_attributes, area;
    if (name_array.includes("interference")) {
        if (name_array.includes("multi")){
            // Taking main shape on mod side
            ref_shape_attributes = this.curr_trial_data.is_ref_left ? attributes.right_shape : attributes.left_shape;
            area = this.compute_shape_area(ref_shape_attributes.shape, ref_shape_attributes.size);
        } else {
            ref_shape_attributes = this.curr_trial_data.is_ref_left ? attributes.left_shape : attributes.right_shape;
            area = this.compute_shape_area(ref_shape_attributes.shape, ref_shape_attributes.size);
        }
    }
```

```
else if (name_array.includes("bisection")) {
    let left_area = this.compute_shape_area(attributes.left_shape.shape, attributes.left_shape.size);
    let right_area = this.compute_shape_area(attributes.right_shape.shape, attributes.right_shape.size);
    area = (left_area + right_area) / 2;
} else {
    ref_shape_attributes = this.curr_trial_data.is_ref_left ? attributes.left_shape : attributes.right_shape;
    area = this.compute_shape_area(ref_shape_attributes.shape, ref_shape_attributes.size);
}
console.log("REF SHAPE AREA: " + area);
this.curr_trial_data.ref_shape_area = area;
}
compute_shape_area(shape, size) {
    let area;
    switch (shape) {
        case "square": {
            let length = size / this.PIXEL_TO_CM;
            area = length * length;
        } break;
        case "triangle" : { //Assuming equilateral for now
            let length = size / this.PIXEL_TO_CM;
            area = (Math.sqrt(3)/4) * (length * length);
        } break;
        case "circle" : {
            let radius = (size / 2) / this.PIXEL_TO_CM;  //Size = diameter
            area = Math.PI * (radius * radius);
        } break;
        case "line" : {
            let length = size / this.PIXEL_TO_CM;
            let width = 1 / this.PIXEL_TO_CM; //Assuming stroke-width is 1px
            area = length * width;
        } break;
        default:
            throw Error ("Handling for computing area for shape " + shape + " has not been implemented.");
            break;
    }
    return area;
```

```
    }
    compute_fan_area(angle, radius) {
        let radius_in_cm = radius / this.PIXEL_TO_CM;
        let area = Math.PI * (radius_in_cm * radius_in_cm) * (angle/360); // A = pi * r^2 * (C/360)
        return area;
    }
    compute_plot_attributes() {
        let sub_cond = this.curr_conditions_constants[this.curr_condition_index];
        let round_num = this.curr_round_num;s
        let is_jitter = this.condition_name.split("_").includes("multi") ? false : true;
        let width = window.innerWidth;
        let height = window.innerHeight;
        let mid_width = width / 2;
        let mid_height = height / 2;
        let left_x = mid_width - this.X_DISTANCE_BETWEEN_SHAPES * this.PIXEL_TO_CM / 2;
        let right_x = mid_width + this.X_DISTANCE_BETWEEN_SHAPES * this.PIXEL_TO_CM / 2;
        let ref_size = sub_cond.ref_size * this.PIXEL_TO_CM ;
        let ref_y = this.calculate_y_position(ref_size, is_jitter);
        let mod_size = (round_num % 2 === 1)?
        sub_cond.mod_max_size * this.PIXEL_TO_CM  : sub_cond.mod_min_size * this.PIXEL_TO_CM;
        let mod_y = this.calculate_y_position(mod_size, is_jitter);
        let is_ref_left = this.curr_trial_data.is_ref_left;
        this.curr_trial_data.is_ref_smaller = (round_num % 2 === 1);


        let attributes = {
            chart: {
                width:              width,
                height:             height,
                target_area_ratio: sub_cond.target_area_ratio ? sub_cond.target_area_ratio : null
            },
            core: {
                ref_size:   ref_size,
                ref_y:      ref_y,
                mod_size:   mod_size,
                mod_y:      mod_y,
                left_size:   is_ref_left ? ref_size : mod_size,
                right_size: is_ref_left ? mod_size : ref_size,
            },
            left_shape: {
```

```
        shape:          is_ref_left ? sub_cond.ref_shape    : sub_cond.mod_shape,
        size:           is_ref_left ? ref_size              : mod_size,
        x:              left_x,
        y:              is_ref_left ? ref_y                 : mod_y,
        outline:        is_ref_left ? sub_cond.ref_outline : sub_cond.mod_outline,
        fill:           is_ref_left ? sub_cond.ref_fill     : sub_cond.mod_fill,
        is_ref:         is_ref_left ? true                  : false,
        options:        null
      },
    right_shape: {
        shape:          is_ref_left ? sub_cond.mod_shape    : sub_cond.ref_shape,
        size:           is_ref_left ? mod_size         : ref_size,
        x:              right_x,
        y:              is_ref_left ? mod_y                 : ref_y,
        outline:        is_ref_left ? sub_cond.mod_outline : sub_cond.ref_outline,
        fill:           is_ref_left ? sub_cond.mod_fill     : sub_cond.ref_fill,
        is_ref:         is_ref_left ? false                 : true,
        options:        null
      }
    }
  let name_array = this.condition_name.split("_");
  if (name_array.includes("interference")) {
  if (name_array.includes("multi")) {
  attributes = this.compute_estimation_multi_interference_attributes(sub_cond, attributes);
    }
  else {
  attributes = this.compute_estimation_interference_attributes(sub_cond, attributes);
    }
  }
  else if (name_array.includes("bisection")) {
    attributes = this.compute_bisection_attributes(sub_cond, attributes);
  }
  this.save_reference_shape_area(attributes);
  return attributes;
}
compute_bisection_attributes(sub_cond, attributes) {
let x_adjustment = this.X_DISTANCE_BETWEEN_SHAPES * this.PIXEL_TO_CM / 4;
  let mid_width = window.innerWidth / 2;
  let mid_height = window.innerHeight / 2;
```

```
let left_size, right_size;
if (this.curr_round_num % 2 === 1) {
left_size = sub_cond.ref_size[1];
right_size = sub_cond.ref_size[0];
} else {
left_size = sub_cond.ref_size[0];
right_size = sub_cond.ref_size[1];
}
console.log("LEFT SIZE: " + left_size);
console.log("RIGHT SIZE: " + right_size);
console.log("MIDDLE SIZE: " + right_size);
attributes.left_shape = {
    shape:      sub_cond.ref_shape[0],
    size:       left_size * this.PIXEL_TO_CM,
    x:          attributes.left_shape.x -= x_adjustment,
    y:          this.calculate_y_position(sub_cond.ref_size[0] * this.PIXEL_TO_CM, false),
    outline:    sub_cond.ref_outline,
    fill:       sub_cond.ref_fill,
    is_ref:     true,
    options:    null
};
attributes.right_shape = {
    shape:      sub_cond.ref_shape[1],
    size:       right_size * this.PIXEL_TO_CM,
    x:          attributes.right_shape.x += x_adjustment,
    y:          this.calculate_y_position(sub_cond.ref_size[1] * this.PIXEL_TO_CM, false),
    outline:    sub_cond.ref_outline,
    fill:       sub_cond.ref_fill,
    is_ref:     true,
    options:    null
};
attributes.middle_shape = {
    shape:      sub_cond.mod_shape,
    size:       sub_cond.mod_max_size * this.PIXEL_TO_CM, //doesn't matter if use max or
    min, they are set to be same
    x:          mid_width,
    y:          this.calculate_y_position(sub_cond.mod_max_size * this.PIXEL_TO_CM,
    false),
    outline:    sub_cond.mod_outline,
```

```
         fill:           sub_cond.mod_fill,
         is_ref:         false,
         options:        null
      }
    return attributes;
  }
 export_trial_data() {
      let trial_data = jsPsych.data.get().filterCustom(function (row) {
          return row.block_type === "practice" || row.block_type === "test";
      })
      // These are variables forced on by jsPsych
          .ignore('stimulus')
          .ignore('key_press')
          .ignore('choices')
          .ignore('trial_type')
          .ignore('trial_index')
          .ignore('time_elapsed')
          .ignore('internal_node_id')
          .ignore('rt');
      let fileName = "S" + this.subject_id + "_" + this.condition_name + "_shape_estimation_trial
_results.csv";
      trial_data.localSave('csv', fileName);
    }
}
```

## 2. 界面评价系统页面设置

```
Dim TIM AS Integer '定义一个整型变量
Dim myval As String '定义一个字符串变量
Private Sub Form_Activate()
DataCombo 1.SetFocus
End Sub
Private Sub DataCombo1_KeyDown(KeyCode As Integer, Shift As Integer)
If KeyCode = vbKeyReturn Then Text2.SetFocus '按回车键,text2 获得焦点
End Sub
Private Sub text2_KeyDown(KeyCode As Integer, Shift As Integer)
If KeyCode = vbKeyReturn Then CmdOk.SetFocus '按回车键 CmdOK 获得焦点
If KeyCode = vbKeyUp Then DataCombo1.SetFocus
If KeyCode = vbKeyDown Then CmdOk.SetFocus
End Sub
```

```
Private Sub CmdOk_Click()
'评价指标名称及打分
Adodc1.RecordSource = "select * from qxsz where 评价指标名称 = "" + DataCombo1.Bo
undText + ""
Adodc1.Refresh
If Datacombo1.boundtext<>""and Text2.text<>""and Text2.text = Adodc1.recor
dset.fields(打分)then Load main"
Main.Show
Unload Me
Else
If TIM = 2 Then '打分两次数值误差大,数据有误不计入数据库
myval = MsgBox("打分失败,请重新输入分值",0,"")
If myval = vbOK Then End
End If
If DataCombo1.BoundText = ""Then
MsgBox("请输入评价指标!")
DataCombo1.SetFocus
Else
If DataCombo1.BoundText<>Adodc1.Recordset.Fields("评价指标")Then
MsgBox("该评价指标不存在,请重新输入!")
DataCombo1.SetFocus
Else
If Text 2.Text = ""Then
MsgBox("请输入打分数值!")
Text 2.SetFocus
Else
If Text 2.Text<>Adodc1.Recordset.Fields("分值")Then
MsgBox("分值有误,请重新输入!")
TIM = TIM + 1
Text 2.SetFocus
End if
End if
End if
End if
End if
End sub
Private Sub CmdEnd_Click()
End
End Sub
```

# 参 考 文 献

［ 1 ］Ware C. Information Visualization: Perception for Design［M］. San Francisco: Margan Kaufmann,2012.

［ 2 ］Ariely D. Seeing sets: Representation by statistical properties［J］. Psychological Science, 2001, 12 (2): 157-162.

［ 3 ］Keefe D F. Integrating visualization and interaction research to improve scientific workflows［J］. IEEE Computer Graphics and Applications, 2010, 30(2): 8-13.

［ 4 ］Zhang P, Serban N. Discovery, visualization and performance analysis of enterprise workflow［J］. Computational Statistics & Data Analysis, 2007, 51(5): 2670-2687.

［ 5 ］Ronald A. On the Prospects for a Science of Visualization［M］. New York:Springer, 2014.

［ 6 ］Wolfe J M. What can 1 million trials tell us about visual search? ［J］. Psychological Science, 1998, 9 (1): 33-39.

［ 7 ］Franconeri S L, Scimeca J M, Roth J C, et al. Flexible visual processing of spatial relationships［J］. Cognition, 2012, 122(2): 210-227.

［ 8 ］Alvarez G A, Oliva A. The representation of simple ensemble visual features outside the focus of attention［J］. Psychological Science, 2008, 19(4): 392-398.

［ 9 ］Treisman A M, Gelade G. A feature-integration theory of attention［J］. Cognitive Psychology, 1980, 12(1): 97-136.

［10］Choubey B. A wide dynamic range CMOS pixel with Steven's power law response［C］//SPIE NanoScience + Engineering. Proc SPIE 7780, Detectors and Imaging Devices: Infrared, Focal Plane, Single Photon, San Diego, California, USA. 2010, 7780: 259-267.

［11］Herbert P. Ginsburg, S O. Piaget's theory of intellectual development［M］. Upper Saddle River: Prentice-Hall,1988.

［12］Robison F F. Commentary on "Understanding roles: A psychodynamic model for role differentiation in groups," by Moxnes (1999)［J］. Group Dynamics: Theory, Research, and Practice, 1999, 3(2): 114-115.

［13］Skinner B F. Can psychology be a science of mind? ［J］. American Psychologist, 1990, 45(11): 1206-1210.

［14］Haberman J, Whitney D. Rapid extraction of mean emotion and gender from sets of faces［J］. Current Biology, 2007, 17(17): R751-R753.

［15］Simkin D, Hastie R. An information-processing analysis of graph perception［J］. Journal of the American Statistical Association, 1987, 82(398): 454-465.

［16］Godau C, Vogelgesang T, Gaschler R. Perception of bar graphs — A biased impression? ［J］. Computers in Human Behavior, 2016, 59: 67-73.

［17］Correll M，Albers D，Franconeri S，et al. Comparing averages in time series data［C］//CHI'12：Proceedings of the SIGCHI Conference on Human Factors in Computing Systems. 2012：1095-1104.

［18］Rensink R A，Baldridge G. The perception of correlation in scatterplots［J］. Computer Graphics Forum，2010，29(3)：1203-1210.

［19］Kosara R. A Vennerable Challenge［J］. American Scientist.2009,97(1)：58-59.

［20］Kay M，Nelson G L，Hekler E B. Researcher-centered design of statistics：Why Bayesian statistics better fit the culture and incentives of HCI［C］//Proceedings of the 2016 CHI Conference on Human Factors in Computing Systems. San Jose California USA. New York，NY，USA：ACM，2016：4521-4532.

［21］Beecham R，Wood J. Characterising group-cycling journeys using interactive graphics［J］. Transportation Research Part C：Emerging Technologies，2014，47：194-206.

［22］Micallef L，Palmas G，Oulasvirta A，et al. Towards perceptual optimization of the visual design of scatterplots［J］. IEEE Transactions on Visualization and Computer Graphics，2017，23(6)：1588-1599.

［23］Boynton D M. The psychophysics of informal covariation assessment：Perceiving relatedness against a background of dispersion［J］. Journal of Experimental Psychology：Human Perception and Performance，2000，26(3)：867-876.

［24］McKenna S，Meyer M，Gregg C，et al. S-CorrPlot：An interactive scatterplot for exploring correlation［J］. Journal of Computational and Graphical Statistics，2016，25(2)：445-463.

［25］Bertini E，Tatu A，Keim D. Quality metrics in high-dimensional data visualization：An overview and systematization［J］. IEEE Transactions on Visualization and Computer Graphics，2011，17(12)：2203-2212.

［26］Pandey A V，Krause J，Felix C，et al. Towards understanding human similarity perception in the analysis of large sets of scatter plots［C］//CHI'16：Proceedings of the 2016 CHI Conference on Human Factors in Computing Systems. 2016：3659-3669.

［27］Tremmel L. The visual separability of plotting symbols in scatterplots［J］. Journal of Computational and Graphical Statistics，1995，4(2)：101.

［28］Tableau［EB/OL］. (2003-01-01)［2016-02-29］. https：//www.tableau.com.

［29］Stolte C，Tang D，Hanrahan P. Polaris：a system for query，analysis，and visualization of multidimensional relational databases［J］. IEEE Transactions on Visualization and Computer Graphics，2002，8(1)：52-65.

［30］Ahlberg C. Spotfire：an information exploration environment［J］. SIGMOD Record，1996，25(4)：25-29.

［31］SAS［EB/OL］. (2013-01-01)［2016-02-29］.https：//www.sas.com.

［32］Castellano G，Fanelli A M. Variable selection using neural-network models［J］. Neurocomputing，2000，31(1/2/3/4)：1-13.

［33］Weng D，Chen R，Deng Z K，et al. SRVis：towards better spatial integration in ranking visualization［J］. IEEE Transactions on Visualization and Computer Graphics，2019，25(1)：459-469.

［34］Antoine A，Serrano M . Navigable maps of structural brain networks across species［J］. PLoS computational biology，2020.16(2)，e1007584.

[35] Jamróz D，Niedoba T. Application of multidimensional data visualization by means of self-organizing kohonen maps to evaluate classification possibilities of various coal types/zastosowanie wizualizacji wielowymiarowych danych za pomocą sieci kohonena do oceny możliwości klasyfikacji różnych typów węgla[J]. Archives of Mining Sciences，2015，60(1)：39-50.

[36] Wagner Filho J A，Freitas C M D S，Nedel L. VirtualDesk：A comfortable and efficient immersive information visualization approach[J]. Computer Graphics Forum，2018，37(3)：415-426.

[37] Forsberg A S，LaViola J J，Markosian L，et al. Seamless interaction in virtual reality[J]. IEEE Computer Graphics and Applications，1997，17(6)：6-9.

[38] 杨峰，周宁，吴佳鑫. 基于信息可视化技术的文本聚类方法研究[J]. 情报学报，2005(6)：679-683.

[39] 任磊，魏永长，杜一，等. 面向信息可视化的语义 Focus＋Context 人机交互技术[J]. 计算机学报，2015，38(12)：2488-2498.

[40] Rensink R A. The nature of correlation perception in scatterplots[J]. Psychonomic Bulletin & Review，2017，24(3)：776-797.

[41] Harrison L，Yang F M，Franconeri S，et al. Ranking visualizations of correlation using weber's law [J]. IEEE Transactions on Visualization and Computer Graphics，2014，20(12)：1943-1952.

[42] Kay M，Heer J. Beyond weber's law：A second look at ranking visualizations of correlation[J]. IEEE Transactions on Visualization and Computer Graphics，2016，22(1)：469-478.

[43] Yang F M，Harrison L T，Rensink R A，et al. Correlation judgment and visualization features：A comparative study[J]. IEEE Transactions on Visualization and Computer Graphics，2019，25(3)：1474-1488.

[44] Bezerianos A，Isenberg P. Perception of visual variables on tiled wall-sized displays for information visualization applications[J]. IEEE Transactions on Visualization and Computer Graphics，2012，18(12)：2516-2525.

[45] Li J. Analysis of the perception of graphical encodings for information visualization[J]. Eindhoven：Technische Universiteit Eindhoven，2011,179-191.

[46] Pineo D，Ware C. Data visualization optimization via computational modeling of perception[J]. IEEE Transactions on Visualization and Computer Graphics，2012，18(2)：309-320.

[47] Aigner W，Rind A，Hoffmann S. Comparative evaluation of an interactive time-series visualization that combines quantitative data with qualitative abstractions[J]. Computer Graphics Forum，2012，31(3pt2)：995-1004.

[48] Kaeppler K. Crossmodal associations between olfaction and vision：Color and shape visualizations of odors[J]. Chemosensory Perception，2018，11(2)：95-111.

[49] Szafir D A. Modeling color difference for visualization design[J]. IEEE Transactions on Visualization and Computer Graphics，2018，24(1)：392-401.

[50] Guo Q，Xue C Q，Wang H Y，et al. Ergonomic evaluation of DSV cockpit console based on comprehensive decision making method[J]. Journal of Advanced Mechanical Design，Systems，and Manufacturing，2018，12(2)：JAMDSM0060.

[51] Chen X Y，Jin R. Statistical modeling for visualization evaluation through data fusion[J]. Applied

Ergonomics，2017，65：551-561.

[52] Goldberg J，Helfman J. Eye tracking for visualization evaluation：Reading values on linear versus radial graphs[J]. Information Visualization，2011，10(3)：182-195.

[53] Giraudet L，Imbert J P，Bérenger M，et al. The neuroergonomic evaluation of human machine interface design in air traffic control using behavioral and EEG/ERP measures[J]. Behavioural Brain Research，2015，294：246-253.

[54] Ekman G. Weber's law and related functions[J]. The Journal of Psychology，1959，47(2)：343-352.

[55] Takahashi K，Hirano G，Hasegawa T，et al. The weber-Fechner law[J]. 2011，6(14)：85-91.

[56] Thoss F. Visual threshold estimation and its relation to the question：Fechner-law or Stevens-power function[J]. Acta Neurobiologiae Experimentalis，1986，46(5/6)：303-310.

[57] Cleveland W S，McGill R. Graphical perception：Theory，experimentation，and application to the development of graphical methods[J]. Journal of the American Statistical Association，1984，79 (387)：531-554.

[58] Basso M R，Lowery N. Global-local visual biases correspond with visual-spatial orientation[J]. Journal of Clinical and Experimental Neuropsychology，2004，26(1)：24-30.

[59] Zeelenberg R，Plomp G，Raaijmakers J G W. Can false memories be created through nonconscious processes? [J]. Consciousness and Cognition，2003，12(3)：403-412.

[60] Amer T S. Bias due to visual illusion in the graphical presentation of accounting information[J]. Journal of Information Systems，2005，19(1)：1-18.

[61] Dimara E，Bezerianos A，Dragicevic P. Conceptual and methodological issues in evaluating multidimensional visualizations for decision support[J]. IEEE Transactions on Visualization and Computer Graphics，2018，24(1)：749-759.

[62] Jazayeri M，Movshon J A. Integration of sensory evidence in motion discrimination[J]. Journal of Vision，2007，7(12)：7.1-7.7.

[63] Wilson C J，Soranzo A. The use of virtual reality in psychology：A case study in visual perception[J]. Computational and Mathematical Methods in Medicine，2015，2015：151702.

[64] Cheng I，Daniilidis K. Mesh optimization guided by just-noticeable-difference and stereo discretization [C]//2007 3DTV Conference. May 7-9，2007，Kos，Greece. IEEE，2007：1-4.

[65] 吴佳茜，余隋怀，杨刚俊，等. 人对结构比例的视觉感知差异阈研究[J]. 机械科学与技术，2011，30 (5)：765-769.

[66] Rahnev D，Maniscalco B，Graves T，et al. Attention induces conservative subjective biases in visual perception[J]. Nature Neuroscience，2011，14(12)：1513-1515.

[67] Rybak I A，Gusakova V I，Golovan A V，et al. A model of attention-guided visual perception and recognition[J]. Vision Research，1998，38(15/16)：2387-2400.

[68] Maloney L T，Mamassian P. Bayesian decision theory as a model of human visual perception：Testing Bayesian transfer[J]. Visual Neuroscience，2009，26(1)：147-155.

[69] Saitta L，Zucker J D. A model of abstraction in visual perception[J]. Applied Artificial Intelligence，2001，15(8)：761-776.

[70] Merk I，Schnakenberg J. A stochastic model of multistable visual perception [J]. Biological

Cybernetics, 2002, 86(2): 111-116.

[71] Bertin, Jacques. Semiology of Graphics: Diagrams, Networks, Maps[M]. [s.l.]: Esri Press, 2010.

[72] Anderson P, He X D, Buehler C, et al. Bottom-up and top-down attention for image captioning and visual question answering[C]//2018 IEEE/CVF Conference on Computer Vision and Pattern Recognition. June 18-23, 2018, Salt Lake City, UT, USA. IEEE, 2018: 6077-6086.

[73] Gayet S, Paffen C L E, Van der Stigchel S. Visual working memory storage recruits sensory processing areas[J]. Trends in Cognitive Sciences, 2018, 22(3): 189-190.

[74] Chang R, Yang F M, Procopio M. From vision science to data science: Applying perception to problems in big data[J]. Electronic Imaging, 2016, 2016(16): 1-7.

[75] van Turnhout K, Bennis A, Craenmehr S, et al. Design patterns for mixed-method research in HCI [C]//CHI' 14: Proceedings of the 8th Nordic Conference on Human-Computer Interaction: Fun, Fast, Foundational. 2014: 361-370.

[76] Wu L H, Hsu P Y. An interactive and flexible information visualization method[J]. Information Sciences, 2013, 221: 306-315.

[77] Simpson W A. The method of constant stimuli is efficient[J]. Perception & Psychophysics, 1988, 44 (5): 433-436.

[78] van der Kamp P H, Quispel G R W. The staircase method: Integrals for periodic reductions of integrable lattice equations[J]. Journal of Physics A: Mathematical and Theoretical, 2010, 43 (46): 465207.

[79] Heer J, Kong N, Agrawala M. Sizing the horizon: The effects of chart size and layering on the graphical perception of time series visualizations[C]//CHI' 09: Proceedings of the SIGCHI Conference on Human Factors in Computing Systems. 2009: 1303-1312.

[80] Javed W, McDonnel B, Elmqvist N. Graphical perception of multiple time series[J]. IEEE Transactions on Visualization and Computer Graphics, 2010, 16(6): 927-934.

[81] van Wijk J J. The value of visualization[C]//IEEE Visualization 2005 — (VIS'05). Minneapolis, MN, USA. IEEE, 2005: 79-86.

[82] Ludwig L F. Value-driven visualization primitives for spreadsheets, tabular data, and advanced spreadsheet visualization: US20110066933[P]. 2011-03-17.

[83] Rogowitz B E, Rabenhorst D A, Gerth J A, et al. Visual cues for data mining[C]//Proc SPIE 2657, Human Vision and Electronic Imaging, 1996, 2657: 275-300.

[84] Mazza R. Introduction to information visualization[M]. Berlin: Springer Science & Business Media, 2009.

[85] Schneider T D. Information Theory Primer. http://www.lecb.ncifcrf.gov/~toms/paper/primer (April 14, 2007).

[86] Donald M. Information, mechanism and meaning[M]. Cambridge: M I T Press, 1969.

[87] Gurban M, Thiran J P. Information theoretic feature extraction for audio-visual speech recognition[J]. IEEE Transactions on Signal Processing, 2009, 57(12): 4765-4776.

[88] O'Sullivan J A, Blahut R E, Snyder D L. Information-theoretic image formation[J]. IEEE Transactions on Information Theory, 1998, 44(6): 2094-2123.

［89］Shannon C E. A mathematical theory of communication［J］. The Bell System Technical Journal, 1948, 27(3): 379-423.

［90］Kullback S. Information theory and statistics［M］. Chicago: Courier Corporation, 1997.

［91］Usher M J. Information Theory for Information Technologists［M］. London: Macmillan Education UK, 1984.

［92］Shannon C E, Weaver W. The Mathematical Theory of Communication［M］. Illinois: University of Illinois Press, 1949.

［93］Rigau J, Feixas M, Sbert M. Shape complexity based on mutual information［C］//International Conference on Shape Modeling and Applications 2005 (SMI' 05). June 13-17, 2005, Cambridge, MA, USA. IEEE, 2005: 355-360.

［94］Wehrend S, Lewis C. A problem-oriented classification of visualization techniques［C］//Proceedings of the First IEEE Conference on Visualization: Visualization '90. October 23-26, 1990, San Francisco, CA, USA. IEEE, 1990: 139-143.

［95］Buja A, Cook D, Swayne D F. Interactive high-dimensional data visualization［J］. Journal of Computational and Graphical Statistics, 1996, 5(1): 78-99.

［96］Keim D A, Kriegel H P. Visualization techniques for mining large databases: A comparison［J］. IEEE Transactions on Knowledge and Data Engineering, 1996, 8(6): 923-938.

［97］Yang-Pelaez J, Flowers W C. Information content measures of visual displays［C］//IEEE Symposium on Information Visualization 2000. INFOVIS 2000. Proceedings. October 9-10, 2000, Salt Lake City, UT, USA. IEEE, 2000: 99-103.

［98］Brodlie K, Poon A, Wright H, et al. GRASPARC-A problem solving environment integrating computation and visualization［C］//Proceedings Visualization' 93. October 25-29, 1993, San Jose, CA, USA. IEEE, 1993: 102-109.

［99］Jankun-Kelly T J, Ma K L, Gertz M. A model and framework for visualization exploration［J］. IEEE Transactions on Visualization and Computer Graphics, 2007, 13(2): 357-369.

［100］Chi E H H, Riedl J T. An operator interaction framework for visualization systems［C］//Proceedings IEEE Symposium on Information Visualization (Cat. No. 98TB100258). October 19-20, 1998, Research Triangle, CA, USA. IEEE, 1998: 63-70.

［101］Bavoil L, Callahan S P, Crossno P J, et al. VisTrails: enabling interactive multiple-view visualizations［C］//VIS 05. IEEE Visualization, 2005. October 23-28, 2005, Minneapolis, MN, USA. IEEE, 2005: 135-142.

［102］Michell J. Stevens's theory of scales of measurement and its place in modern psychology［J］. Australian Journal of Psychology, 2002, 54(2): 99-104.

［103］Bertin Jacques. General Theory, from Semiology of Graphics［J］. The Map Reader: Theories of Mapping Practice and Cartographic Representation, 2011, 8-16.

［104］Bertin J. Graphics and graphic information processing［M］. Berlin: Walter de Gruyter, 2011.

［105］Dux P E, Marois R. The attentional blink: A review of data and theory［J］. Attention, Perception & Psychophysics, 2009, 71(8): 1683-1700.

［106］Luck S J, Vogel E K. Visual working memory capacity: From psychophysics and neurobiology to individual differences[J]. Trends in Cognitive Sciences, 2013, 17(8): 391-400.

[107] Alvarez G A. Representing multiple objects as an ensemble enhances visual cognition[J]. Trends in Cognitive Sciences, 2011, 15(3): 122-131.

[108] Whitney D, Yamanashi Leib A. Ensemble perception[J]. Annual Review of Psychology, 2018, 69: 105-129.

[109] Ariely, D.;Holzwarth, A. The choice architecture of privacy decision-making [J]. Health and Technology,2017, 7(4):415-422.

[110] Rothlauf F, Goldberg D E. Redundant representations in evolutionary computation[J]. Evolutionary Computation, 2003, 11(4): 381-415.

[111] Nothelfer C, Gleicher M, Franconeri S. Redundant encoding strengthens segmentation and grouping in visual displays of data [J]. Journal of Experimental Psychology Human Perception and Performance, 2017, 43(9): 1667-1676.

[112] Gleick J. The information: A history, a theory, a flood[M].[s.l.] ;Vintage, 2012.

[113] Szafir D A, Haroz S, Gleicher M, et al. Four types of ensemble coding in data visualizations[J]. Journal of Vision, 2016, 16(5): 11.

[114] Gleicher M, Correll M, Nothelfer C, et al. Perception of average value in multiclass scatterplots[J]. IEEE Transactions on Visualization and Computer Graphics, 2013, 19(12): 2316-2325.

[115] Arabnia H. Reading in information visualization: Using vision to Think[Media Review[J]. IEEE MultiMedia, 1999, 6(4): 93.

[116] Huang W D, Eades P, Hong S H. Measuring effectiveness of graph visualizations: A cognitive load perspective[J]. Information Visualization, 2009, 8(3): 139-152.

[117] Atkinson R C, Shiffrin R M. The control of short-term memory[J]. Scientific American, 1971, 225 (2): 82-90.

[118] Bechtel W, Abrahamsen A. Connectionism and the mind: Parallel processing, dynamics, and evolution in networks[M]. [s.l.];Blackwell Publishing, 2002.

[119] Arbib M A. Brain theory and cooperative computation[J]. Human Neurobiology, 1985, 4 (4): 201-218.

[120] Anderson N H.Foundations of information integration theory[M].New York:Academic Press,1981.

[121] Sandberg I W. Nonlinear input-output maps and approximate representations[J]. AT&T Technical Journal, 1985, 64(8): 1967-1983.

[122] Laming D. Some principles of sensory analysis[J]. Psychological Review, 1985, 92(4): 462-485.

[123] Dehaene S. Varieties of numerical abilities[J]. Cognition, 1992, 44(1/2): 1-42.

[124] Feigenson L, Dehaene S, Spelke E. Core systems of number[J]. Trends in Cognitive Sciences, 2004, 8(7): 307-314.

[125] Halberda J, Mazzocco M M M, Feigenson L. Individual differences in non-verbal number acuity correlate with maths achievement[J]. Nature, 2008, 455(7213): 665-668.

[126] Libertus M E, Feigenson L, Halberda J. Preschool acuity of the approximate number system correlates with school math ability[J]. Developmental Science, 2011, 14(6): 1292-1300.

[127] Odic D, Libertus M E, Feigenson L, et al. Developmental change in the acuity of approximate

number and area representations[J]. Developmental Psychology, 2013, 49(6): 1103-1112.

[128] Stevens J C, Marks L E. Stevens power law in vision: exponents, intercepts, and thresholds[C]// Fechner Day 99: Proceeding of the Fifteenth Annual Meeting of the International Society for Psychophysics. ISP, 1999: 82-87.

[129] Murshudov G N, Vagin A A, Dodson E J. Refinement of macromolecular structures by the maximum-likelihood method[J]. Acta Crystallographica Section D, Biological Crystallography, 1997, 53(Pt 3): 240-255.

[130] Cheng I, Shen R, Yang X D, et al. Perceptual analysis of level-of-detail: The JND approach[C]// Eighth IEEE International Symposium on Multimedia. December 11 - 13, 2006, San Diego, CA, USA. IEEE, 2006: 533-540.

[131] Kerstens J G M, Pacheco L A, Edwards G. A Bayesian method for the estimation of return values of wave heights[J]. Ocean Engineering, 1988, 15(2): 153-170.

[132] Green R. Typologies and taxonomies: An introduction to classification techniques[J]. Journal of the American Society for Information Science, 1996, 47(4): 328-329.

[133] Brehmer M, Munzner T. A multi-level typology of abstract visualization tasks[J]. IEEE Transactions on Visualization and Computer Graphics, 2013, 19(12): 2376-2385.

[134] van W J J. Views on visualization[J]. IEEE Transactions on Visualization and Computer Graphics, 2006, 12(4): 421-432.

[135] Amar R, Eagan J, Stasko J. Low-level components of analytic activity in information visualization [C]//IEEE Symposium on Information Visualization, 2005. INFOVIS 2005. October 23-25, 2005, Minneapolis, MN, USA. IEEE, 2005: 111-117.

[136] Schulz H J, Nocke T, Heitzler M, et al. A design space of visualization tasks[J]. IEEE Transactions on Visualization and Computer Graphics, 2013, 19(12): 2366-2375.

[137] Walny J, Carpendale S, Riche N H, et al. Visual thinking in action: Visualizations as used on whiteboards[J]. IEEE Transactions on Visualization and Computer Graphics, 2011, 17 (12): 2508-2517.

[138] Kerracher N, Kennedy J, Chalmers K. A task taxonomy for temporal graph visualisation[J]. IEEE Transactions on Visualization and Computer Graphics, 2015, 21(10): 1160-1172.

[139] Andrienko N, Andrienko G. Exploratory analysis of spatial and temporal data: A systematic approach [M]. Berlin: Springer Science & Business Media, 2006.

[140] Wainer H. Graphical visions from William playfair to john tukey[J]. Statistical Science, 1990, 5(3): 340-346.

[141] Shneiderman B. The eyes have it: a task by data type taxonomy for information visualizations[C]// Proceedings 1996 IEEE Symposium on Visual Languages. September 3-6, 1996, Boulder, CO, USA. IEEE, 1996: 336-343.

[142] Aigner W, Miksch S, Schumann H, et al. Visualization of time-oriented data[M]. Berlin: Springer Science & Business Media, 2011.

[143] Luck S J, Vogel E K. The capacity of visual working memory for features and conjunctions[J]. Nature, 1997, 390(6657): 279-281.

[144] Oliva A, Torralba A. Building the gist of a scene: The role of global image features in recognition[J]. Progress in Brain Research, 2006, 155: 23-36.

[145] Chong S C, Treisman A. Representation of statistical properties[J]. Vision Research, 2003, 43(4): 393-404.

[146] Haberman J, Whitney D. Rapid extraction of mean emotion and gender from sets of faces[J]. Current Biology, 2007, 17(17): R751-R753.

[147] Haberman J, Whitney D. Efficient summary statistical representation when change localization fails [J]. Psychonomic Bulletin & Review, 2011, 18(5): 855-859.

[148] Haberman J, Whitney D. The visual system discounts emotional deviants when extracting average expression[J]. Attention, Perception & Psychophysics, 2010, 72(7): 1825-1838.

[149] Bloss R. Real-time pressure mapping system[J]. Sensor Review, 2011, 31(2):101-105.

[150] Eder J, Panagos E, Rabinovich M. Time constraints in workflow systems [M]//Seminal Contributions to Information Systems Engineering. Berlin, Heidelberg: Springer Berlin Heidelberg, 2013: 191-205.

[151] Teevan J, Collins-Thompson K, White R W, et al. Slow search: information retrieval without time constraints[C]//Proceedings of the Symposium on Human-Computer Interaction and Information Retrieval — HCIR' 13. October 3-4, 2013. Vancouver BC, Canada. New York: ACM Press, 2013: 1-10.

[152] Ordóñez L D, Benson L Ⅲ, Pittarello A. Time-pressure perception and decision making[M]//The Wiley Blackwell Handbook of Judgment and Decision Making. Chichester, UK: John Wiley & Sons, Ltd, 2015: 517-542.

[153] Payne J W, Bettman J R, Johnson E J. The Adaptive Decision Maker[M]. Cambridge: Cambridge University Press, 1993.

[154] Gugerty L. Newell and simon's logic theorist: Historical background and impact on cognitive modeling[J]. Proceedings of the Human Factors and Ergonomics Society Annual Meeting, 2006, 50 (9): 880-884.

[155] Belkaoui Ahmed. Human information processing in accouting[M]. New York:Quorum Books, 1989.

[156] Wickelgren W A. Learning and memory[M]. Upper Saddle River :Prentice-Hall, 1977.

[157] Gaillard A W K, van beijsterveldt T. Slow brain potentials elicited by a cue signal[J]. Journal of Psychophysiology, 1991, 5(4): 337-347.

[158] Gaillard A W K. The late CNV wave: Preparation versus expectancy[J]. Psychophysiology, 1977, 14 (6): 563-568.

[159] Verleger R, Vollmer C, Wauschkuhn B, et al. Dimensional overlap between arrows as cueing stimuli and responses? : Evidence from contra-ipsilateral differences in EEG potentials[J]. Cognitive Brain Research, 2000, 10(1/2): 99-109.

[160] Kutas M, McCarthy G, Donchin E. Augmenting mental chronometry: The P300 as a measure of stimulus evaluation time[J]. Science, 1977, 197(4305): 792-795.

[161] Pfefferbaum A, Wenegrat B G, Ford J M, et al. Clinical application of the P3 component of event-related potentials. Ⅱ. Dementia, depression and schizophrenia [J]. Electroencephalography and

Clinical Neurophysiology/Evoked Potentials Section, 1984, 59(2): 104-124.

[162] Strayer D L, Drews F A, Johnston W A. Cell phone-induced failures of visual attention during simulated driving[J]. Journal of Experimental Psychology: Applied, 2003, 9(1): 23-32.

[163] van Galen G P, van Huygevoort M. Error, stress and the role of neuromotor noise in space oriented behaviour[J]. Biological Psychology, 2000, 51(2/3): 151-171.

[164] Viola P, Wells W M. Alignment by maximization of mutual information[J]. Proceedings of IEEE International Conference on Computer Vision, 1995: 16-23.

[165] Kraskov A, Stögbauer H, Grassberger P. Estimating mutual information[J]. Physical Review E, Statistical, Nonlinear, and Soft Matter Physics, 2004, 69(6 pt 2): 066138.

[166] Hoeffding W. A non-parametric test of independence[J]. The Annals of Mathematical Statistics, 1948, 19(4): 546-557.

[167] Huang L Q, Pashler H. A Boolean map theory of visual attention[J]. Psychological Review, 2007, 114(3): 599-631.

[168] Cleveland W S, McGill R. The many faces of a scatterplot[J]. Journal of the American Statistical Association, 1984, 79(388): 807-822.

[169] Harrison L, Yang F M, Franconeri S, et al. Ranking visualizations of correlation using weber's law [J]. IEEE Transactions on Visualization and Computer Graphics, 2014, 20(12): 1943-1952.

[170] Becker R A, Cleveland W S. Brushing scatterplots[J]. Technometrics, 1987, 29(2): 127-142.

[171] Eastman J R, Bertin J. Semiology of graphics[J]. Economic Geography, 1986, 62(1): 104.

[172] Fairchild M D. Color Appearance Models[M]. Chichester, UK: John Wiley & Sons, Ltd, 2013.

[173] Reinecke K, Flatla D R, Brooks C. Enabling designers to foresee which colors users cannot see[C]// Proceedings of the 2016 CHI Conference on Human Factors in Computing Systems. San Jose California USA. New York, NY, USA: ACM, 2016: 2693-2704.

[174] Li J, Xue C Q, Tang W C, et al. Color saliency research on visual perceptual layering method[J]// Human-Computer Interaction Theories, Methods, and Tools, 2014(8510):86-97.

[175] Becker R A, Cleveland W S. Brushing scatterplots[J]. Technometrics, 1987, 29(2): 127-142.

[176] Burbeck C A, Pizer S M. Object representation by cores: Identifying and representing primitive spatial regions[J]. Vision Research, 1995, 35(13): 1917-1930.

[177] Anderson N H. A cognitive theory of judgment and decision[C]//This chapter is based on an invited paper presented at the Tenth Research Conference on Subjective Probability, Utility and Decision Making, Helsinki, Finland, Aug 1985. Lawrence Erlbaum Associates, Inc, 1990.

[178] Anderson N H. Contributions to information integration theory: Volume 1: Cognition[M].London: Psychology Press, 2014.

[179] Anderson J R, Bothell D, Byrne M D, et al. An integrated theory of the mind[J]. Psychological Review, 2004, 111(4): 1036-1060.

[180] Eckstein M P. The lower visual search efficiency for conjunctions is due to noise and not serial attentional processing[J]. Psychological Science, 1998, 9(2): 111-118.

[181] Itti L, Koch C. A saliency-based search mechanism for overt and covert shifts of visual attention[J]. Vision Research, 2000, 40(10/11/12): 1489-1506.

[182] Spillmann L. Foveal perceptive fields in the human visual system measured with simultaneous contrast in grids and bars[J]. Pflugers Archiv: European Journal of Physiology, 1971, 326(4): 281-299.

[183] Intriligator J, Cavanagh P. The spatial resolution of visual attention[J]. Cognitive Psychology, 2001, 43(3): 171-216.

[184] Barlow H B. Possible principles underlying the transformation of sensory messages[J]. Sensory communication, 1961, 217-234.

[185] Treisman A, Schmidt H. Illusory conjunctions in the perception of objects[J]. Cognitive Psychology, 1982, 14(1): 107-141.

[186] Cohen A, Ivry R. Illusory conjunctions inside and outside the focus of attention[J]. Journal of Experimental Psychology: Human Perception and Performance, 1989, 15(4): 650-663.

[187] Pashler H. Attention[M]. Abingdon, UK: Psychology Press, 2016.

[188] Using F and Z patterns to create visual hierarchy in landing page designs[EB/OL]. [2016-01-23] (2021-02-02). https://99designs.com/blog/tips/visual-hierarchy-landing-page-designs/.

[189] Sweller J, Ayres P, Kalyuga S. The redundancy effect[M]//Cognitive Load Theory. New York, NY: Springer New York, 2011: 141-154.

[190] Wurman R S. Information Architect[M]. [s.l.]: Graphis Press, 1996.

[191] Morville P, Rosenfeld L. Information Architecture for the World Wide Web[M]. 3rd ed. Cambridge: O'Reilly Media, Inc, 2006.

[192] 张辉, 高德利. 基于模糊数学和灰色理论的多层次综合评价方法及其应用[J]. 数学的实践与认识, 2008, 38(3): 1-6.

[193] Zhou Q J, Thai V V. Fuzzy and grey theories in failure mode and effect analysis for tanker equipment failure prediction[J]. Safety Science, 2016, 83: 74-79.

[194] Li C R. Comprehensive post-evaluation of rural electric network reformation based on fuzzy interval number AHP[C]//2008 International Conference on Risk Management & Engineering Management. November 4-6, 2008, Beijing, China. IEEE, 2008: 171-177.

[195] Xu G, Yang Y P, Lu S Y, et al. Comprehensive evaluation of coal-fired power plants based on grey relational analysis and analytic hierarchy process[J]. Energy Policy, 2011, 39(5): 2343-2351.

[196] Guo Q, Xue C Q, Zhou L, et al. A study on comprehensive evaluation of deep-sea HOV cockpit console based on fuzzy gravity center[J]. Advances in Transdisciplinary Engineering, 2017, 5: 547-554.

[197] Xu Z S. A method based on linguistic aggregation operators for group decision making with linguistic preference relations[J]. Information Sciences, 2004, 166(1/2/3/4): 19-30.

[198] Herrera F, Martinez L. A 2-tuple fuzzy linguistic representation model for computing with words[J]. IEEE Transactions on Fuzzy Systems, 2000, 8(6): 746-752.

[199] Han E D, Guo P, Zhao Z J. Method for multiple attribute group decision making based on subjective objective weight integrated and extended VIKOR[J]. Computer engineering and Application, 2015, 51(11): 1-5.

[200] Opricovic S. Multicriteria Optimization of Givil Engineering Systems[D]. Belgrade: University of Belgrade, 1998.

[201] You X Y, You J X. Outsourcing supplier selection by interval 2-tuple linguistic VIKOR method[J]. Journal of Tongji University, 2017, 45(9):1408-1413.

[202] Molinari F. A new criterion of choice between generalized triangular fuzzy numbers[J]. Fuzzy Sets and Systems, 2016, 296: 51-69.

[203] Liu P D, Jin F. A multi-attribute group decision–making method based on weighted geometric aggregation operators of interval-valued trapezoidal fuzzy numbers [J]. Applied Mathematical Modelling, 2012, 36(6): 2498-2509.

[204] Sun C C. A performance evaluation model by integrating fuzzy AHP and fuzzy TOPSIS methods[J]. Expert Systems With Applications, 2010, 37(12): 7745-7754.

[205] Beam A L, Kohane I S. Translating artificial intelligence into clinical care[J]. JAMA, 2016, 316 (22): 2368-2369.

[206] Rauterberg G. From gesture to action: natural user interfaces[J]. Journal of Rheumatology, 1999, 29 (6):1273-1279.